Why?

사고력도 탄탄! 창의력도 탄탄!
수학 일등의 지름길 「기탄사고력수학」

♛ 단계별·능력별 프로그램식 학습지입니다

유아부터 초등학교 6학년까지 각 단계별로 4~6권씩 총 52권으로 구성되었으며, 처음 시작할 때 나이와 학년에 관계없이 능력별 수준에 맞추어 학습하는 프로그램식 학습지입니다.

♛ 사고력·창의력을 키워 주는 수학 학습지입니다

다양한 사고 단계를 거쳐 문제 해결력을 높여 주며, 개념과 원리를 이해하도록 하여 수학적 사고력을 키워 줍니다. 또 수학적 사고를 바탕으로 스스로 생각하고 깨닫는 창의력을 키워 줍니다.

♛ 유아 과정은 물론 초등학교 수학의 전 영역을 골고루 학습합니다

운필력, 공간 지각력, 수 개념 등 유아 과정부터 시작하여, 초등학교 과정인 수와 연산, 도형 등 수학의 전 영역을 골고루 다루어, 자녀들의 수학적 사고의 폭을 넓히는 데 큰 도움을 줍니다.

♛ 학습 지도 가이드와 다양한 학습 성취도 평가 자료를 수록했습니다

매주, 매달, 매 단계마다 학습 목표에 따른 지도 내용과 지도 요점, 완벽한 해설을 제공하여 학부모님께서 쉽게 지도하실 수 있습니다. 창의력 문제와 수학 경시 대회 예상 문제를 단계별로 수록, 수학 실력을 완성시켜 줍니다.

♛ 과학적 학습 분량으로 공부하는 습관이 몸에 배입니다

하루 10~20분 정도의 과학적 학습량으로 공부에 싫증을 느끼지 않게 하고, 학습에 자신감을 가지도록 하였습니다. 매일 일정 시간 꾸준하게 공부하도록 하면, 시키지 않아도 공부하는 습관이 몸에 배게 됩니다.

What?

「기탄사고력수학」은
체계적이고 장기적인 프로그램으로
꾸준히 학습하면 반드시 성적으로 보답합니다

✿ 스몰 스텝(Small Step)방식으로 꾸준히 학습하면 성적이 올라갑니다

「기탄사고력수학」은 단순히 문제만 나열한 문제집이 아닙니다. 체계적이고 장기적인 학습프로그램을 통해 수학적 사고력과 창의력을 완성시켜 주는 스몰 스텝(Small Step)방식으로 꾸준히 학습하면 반드시 성적이 올라갑니다.

✿ 하루 3장, 10~20분씩 규칙적으로 학습하게 하세요

매일 일정 시간에 일정한 학습량을 꾸준히 재미있게 해야만 학습효과를 높일 수 있습니다. 주별로 분철하기 쉽게 제본되어 있으니, 교재를 구입하시면 먼저 분철하여 일주일 학습 분량만 자녀들에게 나누어 주세요. 그래야만 아이들이 학습 성취감과 자신감을 가질 수 있습니다.

✿ 자녀들의 수준에 알맞은 교재를 선택하세요

〈기탄사고력수학〉은 유아에서 초등학교 6학년까지, 나이와 학년에 관계없이 학습 난이도별로 자신의 능력에 맞는 단계를 선택하여 시작하는 능력별 교재입니다. 그러나 자녀의 수준보다 1~2단계 낮춘 교재부터 시작하면 학습에 더욱 자신감을 갖게 되어 효과적입니다.

교재 구분	교재 구성	대 상
A단계 교재	1, 2, 3, 4집	4세 ~ 5세 아동
B단계 교재	1, 2, 3, 4집	5세 ~ 6세 아동
C단계 교재	1, 2, 3, 4집	6세 ~ 7세 아동
D단계 교재	1, 2, 3, 4집	7세 ~ 초등학교 1학년
E단계 교재	1, 2, 3, 4, 5, 6집	초등학교 1학년
F단계 교재	1, 2, 3, 4, 5, 6집	초등학교 2학년
G단계 교재	1, 2, 3, 4, 5, 6집	초등학교 3학년
H단계 교재	1, 2, 3, 4, 5, 6집	초등학교 4학년
I 단계 교재	1, 2, 3, 4, 5, 6집	초등학교 5학년
J단계 교재	1, 2, 3, 4, 5, 6집	초등학교 6학년

How?

「기탄사고력수학」으로
수학 성적 올리는 *일등비법*을 공개합니다

※ **문제를 먼저 풀어 주지 마세요**

기탄사고력수학은 직관(전체 감지)을 논리(이론과 구체 연결)로 발전시켜 답을 구하도록 구성되었습니다. 쉽게 문제를 풀지 못하더라도 노력하는 과정에서 더 많은 것을 얻을 수 있으니, 약간의 힌트 외에는 자녀가 스스로 끝까지 문제를 풀어 나갈 수 있도록 격려해 주세요.

※ **교재는 이렇게 활용하세요**

먼저 자녀들의 능력에 맞는 교재를 선택하세요. 그리고 일주일 분량씩 분철하여 매일 3장씩 풀 수 있도록 해 주세요. 한꺼번에 많은 양의 교재를 주시면 어린이가 부담을 느껴서 학습을 미루거나 포기하기 쉽습니다. 적당한 양을 매일매일 학습하도록 하여 수학 공부하는 재미를 느낄 수 있도록 해 주세요.

※ **교재 학습 과정을 꼭 지켜 주세요**

한 주 학습이 끝날 때마다 창의력 문제와 경시 대회 예상 문제를 꼭 풀고 넘어가도록 해 주시고, 한 권(한 달 과정)이 끝나면 성취도 테스트와 종료 테스트를 통해 스스로 실력을 가늠해 볼 수 있도록 도와 주세요. 문제를 다 풀면 반드시 해답지를 이용하여 정확하게 채점해 주시고, 틀린 문제를 체크해 놓았다가 다음에는 확실히 풀 수 있도록 지도해 주세요.

※ **자녀의 학습 관리를 게을리 하지 마세요**

수학적 사고는 하루 아침에 생겨나는 것이 아닙니다. 날마다 꾸준히 규칙적으로 학습해 나갈 때에만 비로소 수학적 사고의 기틀이 마련되는 것입니다. 교육은 사랑입니다. 자녀가 학습한 부분을 어머니께서 꼭 확인하시면서 사랑으로 돌봐 주세요. 부모님의 관심 속에서 자란 아이들만이 성적 향상은 물론 이 사회에서 꼭 필요한 인격체로 성장해 나갈 수 있다는 것도 잊지 마세요.

A 단계 교재

A - ❶ 교재

나와 가족에 대하여 알기
바른 행동 알기
다양한 선 그리기
다양한 사물 색칠하기
○△□ 알기
똑같은 것 찾기
빠진 것 찾기
종류가 같은 것과 다른 것 찾기
관찰력, 논리력, 사고력 키우기

A - ❷ 교재

필요한 물건 찾기
관계 있는 것 찾기
다양한 기준에 따라 분류하기
(종류, 용도, 모양, 색깔, 재질, 계절, 성질 등)
두 가지 기준에 따라 분류하기
다섯까지 세기
변별력 키우기
미로 통과하기

A - ❸ 교재

다양한 기준으로 비교하기
(길이, 높이, 양, 무게, 크기, 두께, 넓이, 속도, 깊이 등)
시간의 순서 비교하기
반대 개념 알기
3까지의 숫자 배우기
그림 퍼즐 맞추기
미로 통과하기

A - ❹ 교재

최상급 개념 알기
다양한 기준으로 순서 짓기 (크기, 시간, 길이, 두께 등)
네 가지 이상 비교하기
이중 서열 알기
ABAB, ABCABC의 규칙성 알기
다양한 규칙 이해하기
부분과 전체 알기
5까지의 숫자 배우기
일대일 대응, 일대다 대응 알기
미로 통과하기

B 단계 교재

B - ❶ 교재

열까지 세기
9까지의 숫자 배우기
사물의 기본 모양 알기
모양 구성하기
모양 나누기와 합치기
같은 모양, 짝이 되는 모양 찾기
위치 개념 알기 (위, 아래, 앞, 뒤)
위치 파악하기

B - ❷ 교재

9까지의 수량, 수 단어, 숫자 연결하기
구체물을 이용한 수 익히기
반구체물을 이용한 수 익히기
위치 개념 알기 (안, 밖, 왼쪽, 가운데, 오른쪽)
다양한 위치 개념 알기
시간 개념 알기 (낮, 밤)
구체물을 이용한 수와 양의 개념 알기
(같다, 많다, 적다)

B - ❸ 교재

순서대로 숫자 쓰기
거꾸로 숫자 쓰기
1 큰 수와 2 큰 수 알기
1 작은 수와 2 작은 수 알기
반구체물을 이용한 수와 양의 개념 알기
보존 개념 익히기
여러 가지 단위 배우기

B - ❹ 교재

순서수 알기
사물의 입체 모양 알기
입체 모양 나누기
두 수의 크기 비교하기
여러 수의 크기 비교하기
0의 개념 알기
0부터 9까지의 수 익히기

C

단계 교재

C - ❶ 교재	C - ❷ 교재
구체물을 통한 수 가르기 반구체물을 통한 수 가르기 숫자를 도입한 수 가르기 구체물을 통한 수 모으기 반구체물을 통한 수 모으기 숫자를 도입한 수 모으기	수 가르기와 모으기 여러 가지 방법으로 수 가르기 수 모으고 다시 수 가르기 수 가르고 다시 수 모으기 더해 보기 세로로 더해 보기 빼 보기 세로로 빼 보기 더해 보기와 빼 보기 바꾸어서 셈하기

C - ❸ 교재		C - ❹ 교재
길이 측정하기 넓이 측정하기 둘레 측정하기 부피 측정하기 활동 시간 알아보기 여러 가지 측정하기	높이 측정하기 크기 측정하기 무게 측정하기 들이 측정하기 시간의 순서 알아보기	열 개 열 개 만들어 보기 열 개 묶어 보기 자리 알아보기 수 '10' 알아보기 10의 크기 알아보기 더하여 10이 되는 수 알아보기 열다섯까지 세어 보기 스물까지 세어 보기

D

단계 교재

D - ❶ 교재	D - ❷ 교재
수 11~20 알기 11~20까지의 수 알기 30까지의 수 알아보기 자릿값을 이용하여 30까지의 수 나타내기 40까지의 수 알아보기 자릿값을 이용하여 40까지의 수 나타내기 자릿값을 이용하여 50까지의 수 나타내기 50까지의 수 알아보기	상자 모양, 공 모양, 둥근기둥 모양 알아보기 공간 위치 알아보기 입체도형으로 모양 만들기 여러 방향에서 본 모습 관찰하기 평면도형 알아보기 선대칭 모양 알아보기 모양 만들기와 탱그램

D - ❸ 교재	D - ❹ 교재
덧셈 이해하기 10이 되는 더하기 여러 가지로 더해 보기 덧셈 익히기 뺄셈 이해하기 10에서 빼기 여러 가지로 빼 보기 뺄셈 익히기	조사하여 기록하기 그래프의 이해 그래프의 활용 분수의 이해 시간 느끼기 사건의 순서 알기 소요 시간 알아보기 달력 보기 시계 보기 활동한 시간 알기

단계 교재

E - ❶ 교재	E - ❷ 교재	E - ❸ 교재
사물의 개수를 세어 보고 1, 2, 3, 4, 5 알아보기 0의 개념과 0~5까지의 수의 순서 알기 하나 더 많다, 적다의 개념 알기 두 수의 크기 비교하기 사물의 개수를 세어 보고 6, 7, 8, 9 알아보기 0~9까지의 수의 순서 알기 하나 더 많다, 적다의 개념 알기 두 수의 크기 비교하기 여러 가지 모양 알아보기, 찾아보기, 만들어 보기 규칙 찾기	두 수로 가르기 두 수를 모으기 가르기와 모으기 덧셈식 알아보기 뺄셈식 알아보기 길이 비교해 보기 높이 비교해 보기 들이 비교해 보기 무게 비교해 보기 넓이 비교해 보기	수 10(십) 알아보기 19까지의 수 알아보기 몇십과 몇십 몇 알아보기 물건의 수 세기 50까지 수의 순서 알아보기 두 수의 크기 비교하기 분류하기 분류하여 세어 보기
E - ❹ 교재	**E - ❺ 교재**	**E - ❻ 교재**
수 60, 70, 80, 90 99까지의 수 수의 순서 두 수의 크기 비교 여러 가지 모양 알아보기, 찾아보기 여러 가지 모양 만들기, 그리기 규칙 찾기 10을 두 수로 가르기 100이 되도록 두 수를 모으기	10이 되는 더하기 10에서 빼기 세 수의 덧셈과 뺄셈 (몇십)+(몇), (몇십 몇)+(몇), (몇십 몇)+(몇십 몇) (몇십 몇)−(몇), (몇십 몇)−(몇십 몇) 긴바늘, 짧은바늘 알아보기 몇 시 알아보기 몇 시 30분 알아보기	세 수의 덧셈 받아올림이 있는 (몇)+(몇) 받아내림이 있는 (십 몇)−(몇) 세 수의 계산 덧셈식, 뺄셈식 만들기 □가 있는 덧셈식, 뺄셈식 만들기 여러 가지 방법으로 해결하기

단계 교재

F - ❶ 교재	F - ❷ 교재	F - ❸ 교재
백(100)과 몇백(200, 300, ……)의 개념 이해 세 자리 수와 뛰어 세기의 이해 세 자리 수의 크기 비교 받아올림이 있는 (두 자리 수)+(한 자리 수)의 계산 받아내림이 있는 (두 자리 수)−(한 자리 수)의 계산 세 수의 덧셈과 뺄셈 선분과 직선의 차이 이해 사각형, 삼각형, 원 등의 여러 가지 모양 쌓기나무로 똑같이 쌓아 보고 여러 가지 모양 만들기 배열 순서에 따라 규칙 찾아내기	받아올림이 있는 (두 자리 수)+(두 자리 수)의 계산 받아내림이 있는 (두 자리 수)−(두 자리 수)의 계산 여러 가지 방법으로 계산하고 세 수의 혼합 계산 길이 비교와 단위길이의 비교 길이의 단위(cm) 알기 길이 재기와 길이 어림하기 어떤 수를 □로 나타내기 덧셈식·뺄셈식에서 □의 값 구하기 어떤 수를 구하는 식 만들기 식에 알맞은 문제 만들기	시각 읽기 시각과 시간의 차이 알기 하루의 시간 알기 달력을 보며 1년 알기 몇 시 몇 분 전 알기 반 시간 알기 묶어 세기 몇 배 알아보기 더하기를 곱하기로 나타내기 덧셈식과 곱셈식으로 나타내기
F - ❹ 교재	**F - ❺ 교재**	**F - ❻ 교재**
2~9의 단 곱셈구구 익히기 1의 단 곱셈구구와 0의 곱 곱셈표에서 규칙 찾기 받아올림이 없는 세 자리 수의 덧셈 받아내림이 없는 세 자리 수의 뺄셈 여러 가지 방법으로 계산하기 미터(m)와 센티미터(cm) 길이 재기 길이 어림하기 길이의 합과 차	받아올림이 있는 세 자리 수의 덧셈 받아내림이 있는 세 자리 수의 뺄셈 여러 가지 방법으로 덧셈·뺄셈하기 세 수의 혼합 계산 똑같이 나누기 전체와 부분의 크기 분수의 쓰기와 읽기 분수만큼 색칠하고 분수로 나타내기 표와 그래프로 나타내기 조사하여 표와 그래프로 나타내기	□가 있는 곱셈식을 만들어 문제 해결하기 규칙을 찾아 문제 해결하기 거꾸로 생각하여 문제 해결하기

G 단계 교재

G - ❶ 교재	G - ❷ 교재	G - ❸ 교재
1000의 개념 알기	똑같이 묶어 덜어 내기와 똑같게 나누기	분수만큼 알기와 분수로 나타내기
몇천, 네 자리 수 알기	나눗셈의 몫	몇 개인지 알기
수의 자릿값 알기	곱셈과 나눗셈의 관계	분수의 크기 비교
뛰어 세기, 두 수의 크기 비교	나눗셈의 몫을 구하는 방법	mm 단위를 알기와 mm 단위까지 길이 재기
세 자리 수의 덧셈	나눗셈의 세로 형식	km 단위를 알기
덧셈의 여러 가지 방법	곱셈을 활용하여 나눗셈의 몫 구하기	km, m, cm, mm의 단위가 있는 길이의
세 자리 수의 뺄셈	평면도형 밀기, 뒤집기, 돌리기	합과 차 구하기
뺄셈의 여러 가지 방법	평면도형 뒤집고 돌리기	시각과 시간의 개념 알기
각과 직각의 이해	(몇십)×(몇)의 계산	1초의 개념 알기
직각삼각형, 직사각형, 정사각형의 이해	(두 자리 수)×(한 자리 수)의 계산	시간의 합과 차 구하기

G - ❹ 교재	G - ❺ 교재	G - ❻ 교재
(네 자리 수)+(세 자리 수)	(몇십)÷(몇)	막대그래프
(네 자리 수)+(네 자리 수)	내림이 없는 (몇십 몇)÷(몇)	막대그래프 그리기
(네 자리 수)−(세 자리 수)	나눗셈의 몫과 나머지	그림그래프
(네 자리 수)−(네 자리 수)	나눗셈식의 검산 / (몇십 몇)÷(몇)	그림그래프 그리기
세 수의 덧셈과 뺄셈	들이 / 들이의 단위	알맞은 그래프로 나타내기
(세 자리 수)×(한 자리 수)	들이의 어림하기와 합과 차	규칙을 정해 무늬 꾸미기
(몇십)×(몇십) / (두 자리 수)×(몇십)	무게 / 무게의 단위	규칙을 찾아 문제 해결
(두 자리 수)×(두 자리 수)	무게의 어림하기와 합과 차	표를 만들어서 문제 해결
원의 중심과 반지름 / 그리기 / 지름 / 성질	0.1 / 소수 알아보기	예상과 확인으로 문제 해결
	소수의 크기 비교하기	

H 단계 교재

H - ❶ 교재	H - ❷ 교재	H - ❸ 교재
만 / 다섯 자리 수 / 십만, 백만, 천만	이등변삼각형 / 이등변삼각형의 성질	소수
억 / 조 / 큰 수 뛰어서 세기	정삼각형 / 예각과 둔각	소수 두 자리 수
두 수의 크기 비교	예각삼각형 / 둔각삼각형	소수 세 자리 수
100, 1000, 10000, 몇백, 몇천의 곱	덧셈, 뺄셈 또는 곱셈, 나눗셈이 섞여 있는 혼합	소수 사이의 관계
(세,네 자리 수)×(두 자리 수)	계산	소수의 크기 비교
세 수의 곱셈 / 몇십으로 나누기	덧셈, 뺄셈, 곱셈, 나눗셈이 섞여 있는 혼합 계산	규칙을 찾아 수로 나타내기
(두,세 자리 수)÷(두 자리 수)	( ), { }가 있는 혼합 계산	규칙을 찾아 글로 나타내기
각의 크기 / 각 그리기 / 각도의 합과 차	분수와 진분수 / 가분수와 대분수	새로운 무늬 만들기
삼각형의 세 각의 크기의 합	대분수를 가분수로, 가분수를 대분수로 나타내기	
사각형의 네 각의 크기의 합	분모가 같은 분수의 크기 비교	

H - ❹ 교재	H - ❺ 교재	H - ❻ 교재
분모가 같은 진분수의 덧셈	사다리꼴 / 평행사변형 / 마름모	꺾은선그래프
분모가 같은 대분수의 덧셈	직사각형과 정사각형의 성질	꺾은선그래프 그리기
분모가 같은 진분수의 뺄셈	다각형과 정다각형 / 대각선	물결선을 사용한 꺾은선그래프
분모가 같은 대분수의 뺄셈	여러 가지 모양 만들기	물결선을 사용한 꺾은선그래프 그리기
분모가 같은 대분수와 진분수의 덧셈과 뺄셈	여러 가지 모양으로 덮기	알맞은 그래프로 나타내기
소수의 덧셈 / 소수의 뺄셈	직사각형과 정사각형의 둘레	꺾은선그래프의 활용
수직과 수선 / 수선 긋기	1cm² / 직사각형과 정사각형의 넓이	두 수 사이의 관계
평행선 / 평행선 긋기	여러 가지 도형의 넓이	두 수 사이의 관계를 식으로 나타내기
평행선 사이의 거리	이상과 이하 / 초과와 미만 / 수의 범위	문제를 해결하고 풀이 과정을 설명하기
	올림과 버림 / 반올림 / 어림의 활용	

기탄 사고력수학 교재별 학습 내용

I 단계 교재

I - ❶ 교재	I - ❷ 교재	I - ❸ 교재
약수 / 배수 / 배수와 약수의 관계	세 분수의 덧셈과 뺄셈	평행사변형의 넓이
공약수와 최대공약수	(진분수)×(자연수) / (대분수)×(자연수)	삼각형의 넓이
공배수와 최소공배수	(자연수)×(진분수) / (자연수)×(대분수)	사다리꼴의 넓이
크기가 같은 분수 알기	(단위분수)×(단위분수)	마름모의 넓이
크기가 같은 분수 만들기	(진분수)×(진분수) / (대분수)×(대분수)	넓이의 단위 m², a
분수의 약분 / 분수의 통분	세 분수의 곱셈 / 합동인 도형의 성질	넓이의 단위 ha, km²
분수의 크기 비교 / 진분수의 덧셈	합동인 삼각형 그리기	넓이의 단위 관계
대분수의 덧셈 / 진분수의 뺄셈	면, 모서리, 꼭짓점	무게의 단위
대분수의 뺄셈 / 세 분수의 덧셈과 뺄셈	직육면체와 정육면체	
	직육면체의 성질 / 겨냥도 / 전개도	

I - ❹ 교재	I - ❺ 교재	I - ❻ 교재
분수와 소수의 관계	(소수)×(자연수) / (자연수)×(소수)	두 수의 크기 비교
분수를 소수로, 소수를 분수로 나타내기	곱의 소수점의 위치	비율
분수와 소수의 크기 비교	(소수)×(소수)	백분율
1÷(자연수)를 곱셈으로 나타내기	소수의 곱셈	할푼리
(자연수)÷(자연수)를 곱셈으로 나타내기	(소수)÷(자연수)	실제로 해 보기와 표 만들기
(진분수)÷(자연수) / (가분수)÷(자연수)	(자연수)÷(자연수)	그림 그리기와 식 만들기
(대분수)÷(자연수)	줄기와 잎 그림	예상하고 확인하기와 표 만들기
분수와 자연수의 혼합 계산	그림그래프	실제로 해 보기와 규칙 찾기
선대칭도형/선대칭의 위치에 있는 도형	평균	
점대칭도형/점대칭의 위치에 있는 도형	자료를 그래프로 나타내고 설명하기	

J 단계 교재

J - ❶ 교재	J - ❷ 교재	J - ❸ 교재
(자연수)÷(단위분수)	쌓기나무의 개수	비례식
분모가 같은 진분수끼리의 나눗셈	쌓기나무의 각 자리, 각 층별로 나누어	비의 성질
분모가 다른 진분수끼리의 나눗셈	개수 구하기	가장 작은 자연수의 비로 나타내기
(자연수)÷(진분수) / 대분수의 나눗셈	규칙 찾기	비례식의 성질
분수의 나눗셈 활용하기	쌓기나무로 만든 것, 여러 가지 입체도형,	비례식의 활용
소수의 나눗셈 / (자연수)÷(소수)	여러 가지 생활 속 건축물의 위, 앞, 옆	연비
소수의 나눗셈에서 나머지	에서 본 모양	두 비의 관계를 연비로 나타내기
반올림한 몫	원주와 원주율 / 원의 넓이	연비의 성질
입체도형과 각기둥 / 각뿔	띠그래프 알기 / 띠그래프 그리기	비례배분
각기둥의 전개도 / 각뿔의 전개도	원그래프 알기 / 원그래프 그리기	연비로 비례배분

J - ❹ 교재	J - ❺ 교재	J - ❻ 교재
(소수)÷(분수) / (분수)÷(소수)	원기둥의 겉넓이	두 수 사이의 대응 관계 / 정비례
분수와 소수의 혼합 계산	원기둥의 부피	정비례를 활용하여 생활 문제 해결하기
원기둥 / 원기둥의 전개도	경우의 수	반비례
원뿔	순서가 있는 경우의 수	반비례를 활용하여 생활 문제 해결하기
회전체 / 회전체의 단면	여러 가지 경우의 수	그림을 그리거나 식을 세워 문제 해결하기
직육면체와 정육면체의 겉넓이	확률	거꾸로 생각하거나 식을 세워 문제 해결하기
부피의 비교 / 부피의 단위	미지수를 x로 나타내기	표를 작성하거나 예상과 확인을 통하여
직육면체와 정육면체의 부피	등식 알기 / 방정식 알기	문제 해결하기
부피의 큰 단위	등식의 성질을 이용하여 방정식 풀기	여러 가지 방법으로 문제 해결하기
부피와 들이 사이의 관계	방정식의 활용	새로운 문제를 만들어 풀어 보기

사고력도 탄탄! 창의력도 탄탄!

기탄고력수학

12

161a ~ 175b

학습 관리표

학습 내용		이번 주는?
분수의 곱셈	· 진분수와 자연수의 곱셈 · 대분수와 자연수의 곱셈 · 자연수와 진분수의 곱셈 · 자연수와 대분수의 곱셈 · 단위분수와 단위분수의 곱셈 · 진분수와 진분수의 곱셈 · 대분수와 대분수의 곱셈 · 세 분수의 곱셈 · 창의력 학습 · 경시대회 예상문제	· 학습 방법 : ① 매일매일　② 가끔　③ 한꺼번에 　　　　　　하였습니다. · 학습 태도 : ① 스스로 잘　② 시켜서 억지로 　　　　　　하였습니다. · 학습 흥미 : ① 재미있게　② 싫증내며 　　　　　　하였습니다. · 교재 내용 : ① 적합하다고　② 어렵다고　③ 쉽다고 　　　　　　하였습니다.
지도 교사가 부모님께		부모님이 지도 교사께
평가	Ⓐ 아주 잘함　　　　Ⓑ 잘함　　　　Ⓒ 보통　　　　Ⓓ 부족함	

원(교)　　　　　반　　이름　　　　　전화

기초부터 탄탄하게
기탄교육

www.gitan.co.kr / (02)586-1007(대)

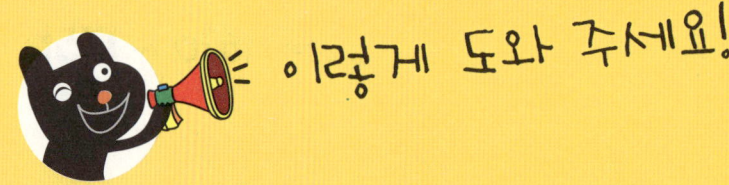

이렇게 도와 주세요!

● 학습 목표
- (진분수)×(자연수), (대분수)×(자연수), (자연수)×(진분수), (자연수)×(대분수)의 곱셈 계산 원리를 이해하고 계산할 수 있습니다.
- 단위분수끼리의 곱셈의 계산 원리를 이해하고 계산할 수 있습니다.
- 진분수끼리의 곱셈의 계산 원리를 이해하고 계산할 수 있습니다.
- 대분수끼리의 곱셈의 계산 원리를 이해하고 계산할 수 있습니다.
- 세 분수의 곱셈 계산 원리를 이해하고 계산할 수 있습니다.

● 지도 내용
- (진분수)×(자연수), (대분수)×(자연수), (자연수)×(진분수), (자연수)×(대분수)의 계산을 형식화하고, 여러 가지 방법으로 계산해 봅니다.
- 대분수를 가분수로 고쳐서 약분할 경우 대분수 상태로는 약분할 수 없음을 알고, 항상 대분수를 가분수로 고친 다음에 계산해 봅니다.
- 단위분수끼리의 곱을 구하는 방법을 이해하고 곱셈 원리를 형식화하여 계산해 봅니다.
- 진분수끼리의 곱을 구하는 방법을 이해하고 여러 가지 방법으로 계산해 봅니다.
- 대분수끼리의 곱을 구하는 방법을 이해하고 대분수의 곱을 가분수로 고쳐서 계산하는 것을 형식화하여 답을 구해 봅니다.
- 세 분수의 곱셈 방법을 알고 계산해 봅니다.
- 분수와 자연수가 혼합된 세 수의 곱셈을 계산하는 방법을 알고 계산해 봅니다.

● 지도 요점
분모가 같은 분수의 덧셈과 뺄셈, 분모가 같은 두 분수의 크기 비교, 배수와 약수, 약분과 통분, 분모가 다른 분수의 덧셈과 뺄셈을 학습하였습니다.
이러한 학습을 바탕으로 가분수나 대분수를 포함한 두 분수의 곱셈 원리와 세 분수의 곱셈 방법을 이해하게 하고, 계산 원리를 바탕으로 계산을 형식화하여 분수의 곱셈을 능숙하게 계산할 수 있도록 지도합니다.

● 이름 :

● 날짜 :

● 시간 :　　　시　　　분 ~ 　　시　　　분

확인

◆ 진분수와 자연수의 곱셈 ◆

1 그림을 보고 $\dfrac{2}{3} \times 2$ 는 얼마인지 □ 안에 알맞은 수를 써넣으시오.

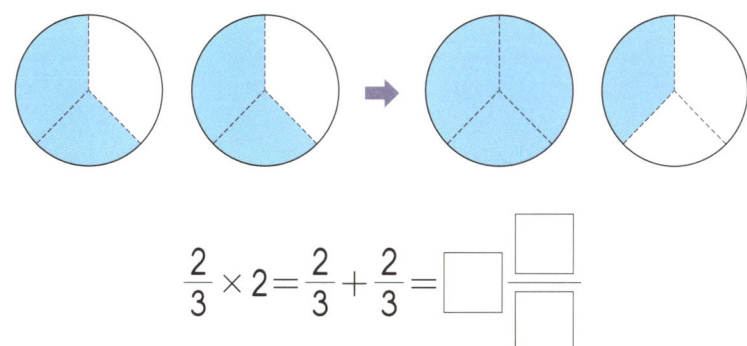

$$\dfrac{2}{3} \times 2 = \dfrac{2}{3} + \dfrac{2}{3} = \boxed{}\dfrac{\boxed{}}{\boxed{}}$$

2 □ 안에 알맞은 수를 써넣으시오.

$$\dfrac{4}{5} \times 9 = \dfrac{4 \times \boxed{}}{5} = \dfrac{\boxed{}}{5} = \boxed{}\dfrac{\boxed{}}{\boxed{}}$$

3 보기 와 같이 계산하시오.

보기

$$\dfrac{3}{4} \times 10 = \dfrac{3 \times \overset{5}{\cancel{10}}}{\underset{2}{\cancel{4}}} = \dfrac{15}{2} = 7\dfrac{1}{2}$$

$$\dfrac{5}{9} \times 21$$

사고력 학습

😊 다음을 계산하시오. [4~5]

4 $\dfrac{4}{5} \times 6$

5 $\dfrac{9}{20} \times 14$

6 빈 곳에 알맞은 수를 써넣으시오.

7 오른쪽 정사각형의 둘레는 몇 m입니까?

[답] _____

8 경수는 매일 우유를 $\dfrac{3}{8}$ L씩 마신다고 합니다. 경수가 30일 동안 마신 우유는 몇 L입니까?

[답] _____

I-62a

♣ 이름 :

♣ 날짜 :

♣ 시간 :   시   분 ~   시   분

확인

◆ 대분수와 자연수의 곱셈 ◆

1 그림을 보고 $1\frac{1}{4} \times 3$은 얼마인지 □ 안에 알맞은 수를 써넣으시오.

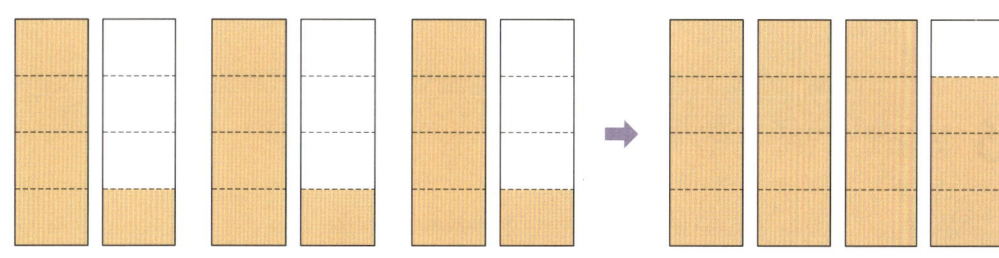

$$1\frac{1}{4} \times 3 = 1\frac{1}{4} + 1\frac{1}{4} + 1\frac{1}{4} = \boxed{}\frac{\boxed{}}{\boxed{}}$$

2 □ 안에 알맞은 수를 써넣으시오.

$$2\frac{3}{5} \times 4 = (2 + \frac{\boxed{}}{\boxed{}}) \times 4 = (2 \times 4) + (\frac{\boxed{}}{\boxed{}} \times 4) = \boxed{} + \frac{\boxed{}}{\boxed{}} = \boxed{}\frac{\boxed{}}{\boxed{}}$$

3 보기와 같이 계산하시오.

보기

$$3\frac{3}{4} \times 6 = \frac{15}{4} \times \overset{3}{6} = \frac{45}{2} = 22\frac{1}{2}$$

$$4\frac{7}{8} \times 6$$

사고력 학습

🐸 다음을 계산하시오. [4～5]

4 $6\frac{2}{3} \times 4$

5 $3\frac{5}{16} \times 12$

6 빈칸에 알맞은 수를 써넣으시오.

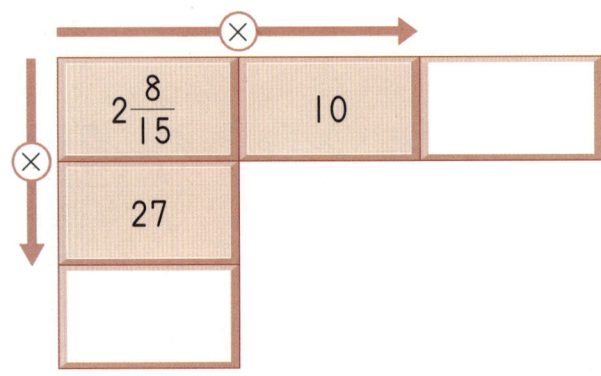

7 계산 결과가 큰 것부터 차례로 기호를 쓰시오.

> ㉠ $5\frac{1}{14} \times 10$ ㉡ $3\frac{2}{5} \times 20$ ㉢ $7\frac{5}{12} \times 9$

[답]

8 사과 한 상자는 $12\frac{7}{10}$ kg입니다. 사과 25 상자는 몇 kg입니까?

[답]

★ 이름 :

★ 날짜 :

★ 시간 :　　시　　분 ~　　시　　분

확인

◆ **자연수와 진분수의 곱셈** ◆

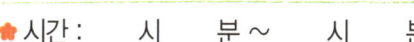

9의 $\frac{2}{3}$ 를 $9 \times \frac{2}{3}$ 로 나타내고 구 곱하기 삼분의 이 라고 읽습니다.

1 $10 \times \frac{5}{6}$ 를 여러 가지 방법으로 계산하려고 합니다. □ 안에 알맞은 수를 써넣으시오.

(1) $10 \times \dfrac{5}{6} = \dfrac{10 \times \square}{6} = \dfrac{\square}{6} = \dfrac{\square}{3} = \square\dfrac{\square}{\square}$

(2) $10 \times \dfrac{5}{6} = \dfrac{\overset{\square}{10 \times 5}}{\underset{\square}{6}} = \dfrac{\square}{3} = \square\dfrac{\square}{\square}$

(3) $10 \times \dfrac{5}{6} = \dfrac{\square}{3} = \square\dfrac{\square}{\square}$

🐸 다음을 계산하시오. [2~3]

2 $6 \times \dfrac{7}{15}$

3 $64 \times \dfrac{11}{24}$

사고력 학습

🐸 ☐ 안에 알맞은 수를 써넣으시오. [4~5]

4   14
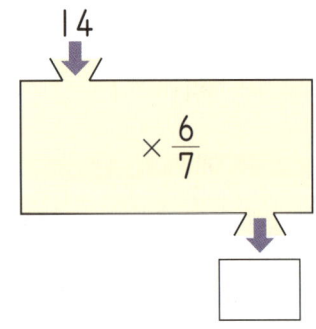

5   27
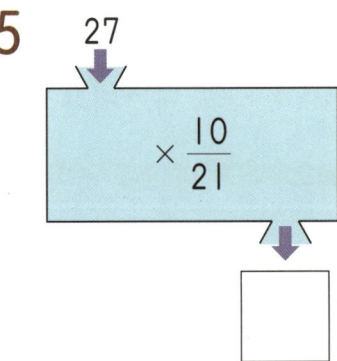

6 계산 결과가 다른 하나를 찾아 기호를 쓰시오.

$$㉠\ 27의\ \frac{8}{9} \qquad ㉡\ 48의\ \frac{1}{2} \qquad ㉢\ 56의\ \frac{5}{8} \qquad ㉣\ 60의\ \frac{2}{5}$$

[답]

7 기름이 26L 있습니다. 이 중에서 $\frac{9}{20}$만큼을 불을 피우는 데 사용하였다면,

사용한 기름은 몇 L입니까?

[답]

 사고력 학습

◆ 이름 :

◆ 날짜 :

◆ 시간 :　　시　　분 ~　　시　　분

확인

◆ **자연수와 대분수의 곱셈** ◆

1 □ 안에 알맞은 수를 써넣으시오.

$$8 \times 3\frac{5}{6} = 8 \times \left(\boxed{} + \frac{5}{6}\right) = \left(8 \times \boxed{}\right) + \left(8 \times \frac{5}{6}\right) = \boxed{} + \frac{\boxed{}}{3}$$

$$= \boxed{} + \boxed{}\frac{\boxed{}}{3} = \boxed{}\frac{\boxed{}}{\boxed{}}$$

🐸 [보기] 와 같이 계산하시오. [2~3]

> **보기**
>
> $$6 \times 2\frac{3}{4} = \overset{3}{\cancel{6}} \times \frac{11}{\underset{2}{\cancel{4}}} = \frac{33}{2} = 16\frac{1}{2}$$

2 $9 \times 1\frac{2}{7}$

3 $21 \times 4\frac{5}{6}$

4 관계있는 것끼리 선으로 이으시오.

$16 \times 5\frac{3}{8}$ ·

$10 \times 3\frac{7}{12}$ ·

$35 \times 2\frac{5}{28}$ ·

· $35\frac{5}{6}$

· $76\frac{1}{4}$

· 86

5 빈 곳에 알맞은 수를 써넣으시오.

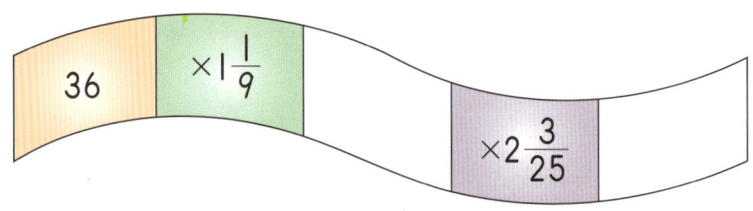

6 ○ 안에 >, =, <를 알맞게 써넣으시오.

$$16 \times 1\frac{7}{18} \bigcirc 12 \times 2\frac{4}{9}$$

7 직사각형의 넓이는 몇 cm²입니까?

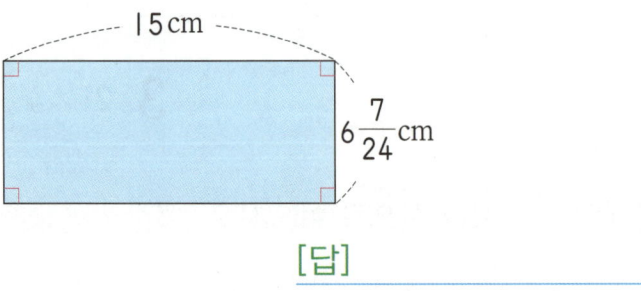

[답] _____

8 정민이의 몸무게는 52kg입니다. 아버지의 몸무게는 정민이의 몸무게의 $1\frac{3}{8}$ 입니다. 아버지의 몸무게는 몇 kg입니까?

[답] _____

✿ 이름 :

✿ 날짜 :

✿ 시간 :　　시　　분 ~　　시　　분

확인

◆ **단위분수와 단위분수의 곱셈** ◆

😃 그림을 보고 ☐ 안에 알맞은 수를 써넣으시오. [1~2]

1 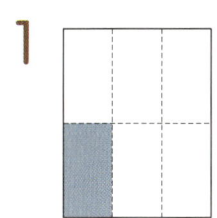　　$\dfrac{1}{3} \times \dfrac{1}{2} = \dfrac{1}{\boxed{} \times \boxed{}} = \dfrac{1}{\boxed{}}$

2 　　$\dfrac{1}{5} \times \dfrac{1}{6} = \dfrac{1}{\boxed{} \times \boxed{}} = \dfrac{1}{\boxed{}}$

😃 다음을 계산하시오. [3~6]

3 $\dfrac{1}{2} \times \dfrac{1}{8}$

4 $\dfrac{1}{3} \times \dfrac{1}{5}$

5 $\dfrac{1}{7} \times \dfrac{1}{4}$

6 $\dfrac{1}{9} \times \dfrac{1}{6}$

7 빈칸에 알맞은 수를 써넣으시오.

×	$\dfrac{1}{4}$	$\dfrac{1}{9}$
$\dfrac{1}{5}$		
$\dfrac{1}{10}$		

○ 안에 >, =, <를 알맞게 써넣으시오. [8~9]

8 $\dfrac{1}{6} \times \dfrac{1}{7}$ ○ $\dfrac{1}{7}$

9 $\dfrac{1}{8} \times \dfrac{1}{5}$ ○ $\dfrac{1}{8}$

10 계산 결과가 가장 큰 것을 찾아 기호를 쓰시오.

ㄱ $\dfrac{1}{5} \times \dfrac{1}{2}$　　ㄴ $\dfrac{1}{4} \times \dfrac{1}{3}$　　ㄷ $\dfrac{1}{3} \times \dfrac{1}{8}$　　ㄹ $\dfrac{1}{7} \times \dfrac{1}{9}$

[답]

11 리본이 $\dfrac{1}{4}$ m 있습니다. 선물을 포장하는 데 이 리본의 $\dfrac{1}{2}$ 을 사용하였다면 사용한 리본은 몇 m입니까?

[답]

사고력 학습

◆ **진분수와 진분수의 곱셈(1)** ◆

1 그림을 보고 ☐ 안에 알맞은 수를 써넣으시오.

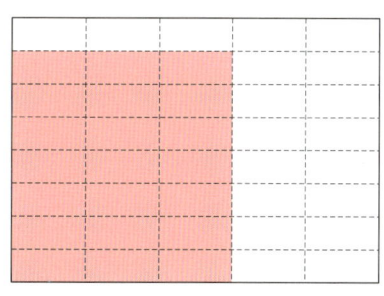

$$\frac{3}{5} \times \frac{7}{8} = \frac{3 \times \boxed{}}{\boxed{} \times 8} = \frac{\boxed{}}{\boxed{}}$$

2 ☐ 안에 알맞은 수를 써넣으시오.

$$\frac{5}{8} \times \frac{2}{3} = \frac{\boxed{} \times 2}{8 \times \boxed{}} = \frac{\boxed{}}{24} = \frac{5}{\boxed{}}$$

보기 와 같이 계산하시오. [3~4]

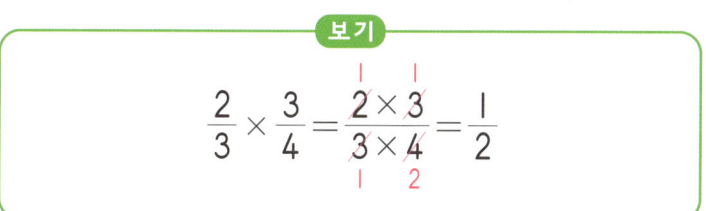

3 $\dfrac{5}{6} \times \dfrac{3}{10}$

4 $\dfrac{7}{12} \times \dfrac{9}{14}$

🐸 ☐ 안에 알맞은 수를 써넣으시오. [5~8]

5 $\dfrac{\boxed{}\quad\boxed{}}{\dfrac{9}{10} \times \dfrac{5}{6}}_{\boxed{}\quad\boxed{}} = \boxed{}$

6 $\dfrac{\boxed{}\quad\boxed{}}{\dfrac{8}{15} \times \dfrac{5}{18}}_{\boxed{}\quad\boxed{}} = \boxed{}$

7 $\dfrac{7}{12} \times \dfrac{\overset{\boxed{}}{18}}{\underset{\boxed{}}{25}} = \boxed{}$

8 $\dfrac{\boxed{}\quad\boxed{}}{\dfrac{10}{17} \times \dfrac{34}{35}}_{\boxed{}\quad\boxed{}} = \boxed{}$

🐸 다음을 계산하시오. [9~12]

9 $\dfrac{1}{4} \times \dfrac{2}{5}$

10 $\dfrac{4}{7} \times \dfrac{7}{10}$

11 $\dfrac{5}{8} \times \dfrac{14}{15}$

12 $\dfrac{16}{27} \times \dfrac{15}{22}$

◆ 이름 :

◆ 날짜 :

◆ 시간 :　　시　　분 ~ 　　시　　분

확인

◆ **진분수와 진분수의 곱셈(2)** ◆

1 관계있는 것끼리 선으로 이으시오.

$\dfrac{5}{8} \times \dfrac{4}{15}$ ·

$\dfrac{9}{20} \times \dfrac{16}{21}$ ·

· $\dfrac{1}{6}$

· $\dfrac{7}{18}$

· $\dfrac{12}{35}$

2 계산 결과가 다른 하나를 찾아 기호를 쓰시오.

㉠ $\dfrac{10}{21} \times \dfrac{7}{15}$　　　㉡ $\dfrac{4}{9} \times \dfrac{3}{16}$　　　㉢ $\dfrac{7}{30} \times \dfrac{5}{14}$

[답] _____

3 빈 곳에 알맞은 수를 써넣으시오.

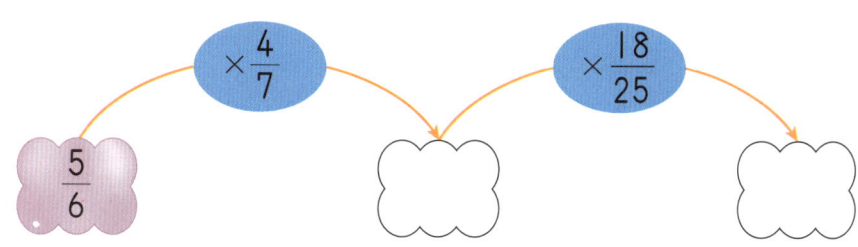

$\dfrac{5}{6}$　　$\times \dfrac{4}{7}$　　⬡　　$\times \dfrac{18}{25}$　　⬡

사고력 학습

4 ○ 안에 >, =, <를 알맞게 써넣으시오.

$$\frac{8}{9} \times \frac{3}{5} \bigcirc \frac{18}{25} \times \frac{20}{27}$$

5 넓이가 더 넓은 도형은 어느 것입니까?

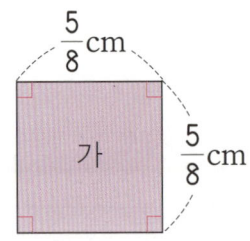

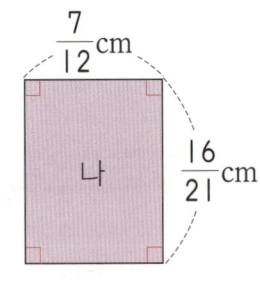

[답] _____

6 농장 전체의 $\frac{9}{14}$에는 채소를 심었습니다. 이 중 $\frac{8}{15}$에는 양파를 심었다면, 양파를 심은 부분의 넓이는 전체의 몇 분의 몇입니까?

[답] _____

I-68a

★ 이름 :

★ 날짜 :

★ 시간 :　시　분 ~　시　분

확인

◆ 대분수와 대분수의 곱셈(1) ◆

1 그림을 보고 □ 안에 알맞은 수를 써넣으시오.

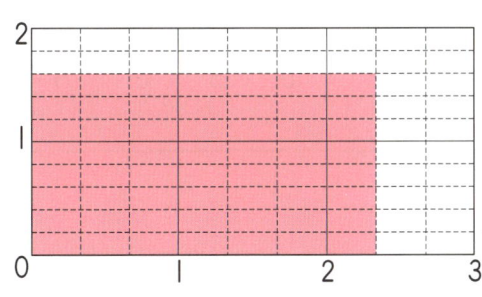

$$2\frac{1}{3} \times 1\frac{3}{5} = \frac{\boxed{}}{3} \times \frac{\boxed{}}{5} = \frac{\boxed{} \times \boxed{}}{3 \times 5} = \frac{\boxed{}}{15} = \boxed{}\frac{\boxed{}}{\boxed{}}$$

2 $1\frac{3}{4} \times 2\frac{1}{7}$ 을 여러 가지 방법으로 계산하려고 합니다. □ 안에 알맞은 수를 써넣으시오.

(1) $1\frac{3}{4} \times 2\frac{1}{7} = (1 \times 2) + (1 \times \frac{\boxed{}}{7}) + (\frac{3}{4} \times 2) + (\frac{3}{4} \times \frac{\boxed{}}{7})$

$$= 2 + \frac{\boxed{}}{7} + \frac{\boxed{}}{2} + \frac{\boxed{}}{28} = 2 + \frac{\boxed{}}{28} + \frac{\boxed{}}{28} + \frac{\boxed{}}{28}$$

$$= 2 + \frac{\boxed{}}{28} = 2 + \boxed{}\frac{\boxed{}}{4} = \boxed{}\frac{\boxed{}}{\boxed{}}$$

(2) $1\frac{3}{4} \times 2\frac{1}{7} = \frac{\boxed{}}{4} \times \frac{\boxed{}}{7} = \frac{\boxed{}}{4} = \boxed{}\frac{\boxed{}}{\boxed{}}$

사고력 학습

🐸 보기 와 같이 계산하시오. [3~6]

$$2\frac{2}{3} \times 1\frac{5}{6} = \frac{\overset{4}{\cancel{8}}}{3} \times \frac{11}{\underset{3}{\cancel{6}}} = \frac{44}{9} = 4\frac{8}{9}$$

3 $1\frac{4}{5} \times 2\frac{1}{12}$

4 $2\frac{2}{15} \times 3\frac{5}{8}$

5 $3\frac{1}{8} \times 1\frac{13}{15}$

6 $4\frac{2}{3} \times 2\frac{4}{7}$

사고력 학습

★ 이름 :

★ 날짜 :

★ 시간 :　　시　　분 ～　　시　　분

확인

◆ **대분수와 대분수의 곱셈(2)** ◆

😊 빈칸에 두 분수의 곱을 써넣으시오. [1~2]

1

$1\dfrac{7}{8}$	$3\dfrac{5}{9}$

2

$2\dfrac{4}{7}$	$2\dfrac{11}{12}$

3 빈 곳에 알맞은 수를 써넣으시오.

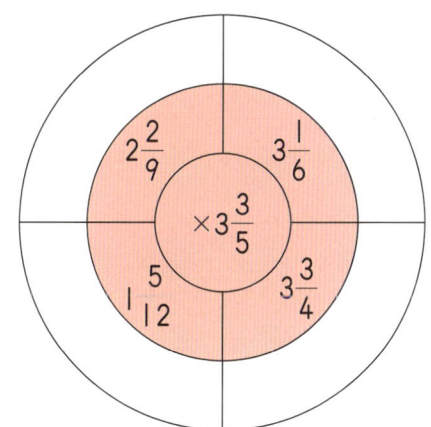

4 두 분수의 곱을 아래쪽의 ☐ 안에 써넣으시오.

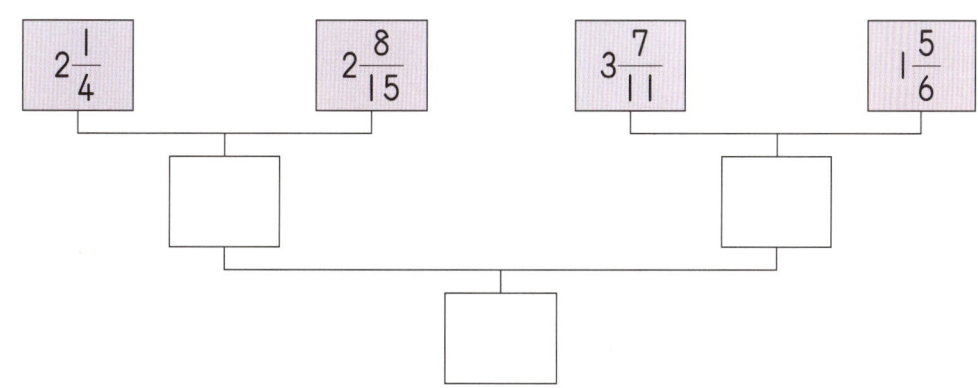

5 계산 결과가 더 큰 것의 기호를 쓰시오.

$$ \bigcirc \ 5\frac{1}{4} \times 3\frac{5}{9} \qquad \bigcirc \ 2\frac{4}{7} \times 4\frac{1}{12} $$

[답]

6 □ 안에 들어갈 수 있는 자연수는 모두 몇 개입니까?

$$ 4\frac{2}{7} \times 2\frac{5}{8} > \square\frac{3}{4} $$

[답]

7 굵기가 일정한 막대 1m의 무게는 $8\frac{1}{8}$ kg입니다. 이 막대 $2\frac{4}{15}$ m는 몇 kg입니까?

[답]

❀ 이름 :

❀ 날짜 :

❀ 시간 :　　시　　분 ~ 　　시　　분

확인

◆ 세 분수의 곱셈(1) ◆

1 $\frac{2}{3} \times \frac{1}{5} \times \frac{4}{7}$ 를 여러 가지 방법으로 계산하려고 합니다. ☐ 안에 알맞은 수를 써넣으시오.

(1) $\frac{2}{3} \times \frac{1}{5} \times \frac{4}{7} = \left(\frac{2}{3} \times \frac{1}{5}\right) \times \frac{4}{7} = \frac{\square}{\square} \times \frac{4}{7} = \frac{\square}{\square}$

(2) $\frac{2}{3} \times \frac{1}{5} \times \frac{4}{7} = \frac{\square \times 1 \times \square}{3 \times 5 \times 7} = \frac{\square}{\square}$

2 $\frac{3}{4} \times \frac{2}{5} \times \frac{7}{9}$ 을 여러 가지 방법으로 계산한 것입니다. ☐ 안에 알맞은 수를 써넣으시오.

(1) $\frac{3}{4} \times \frac{2}{5} \times \frac{7}{9} = \left(\frac{3}{4} \times \frac{\overset{1}{2}}{5}\right) \times \frac{7}{9} = \frac{\overset{\square}{3}}{\square} \times \frac{7}{\overset{9}{\square}} = \frac{\square}{\square}$

(2) $\frac{3}{4} \times \frac{2}{5} \times \frac{7}{9} = \frac{\overset{\square}{3} \times \overset{1}{2} \times 7}{4 \times 5 \times \overset{}{9}} = \frac{\square}{\square}$

(3) $\frac{\overset{\square}{\cancel{3}}}{\cancel{4}} \times \frac{\overset{1}{\cancel{2}}}{5} \times \frac{7}{\cancel{9}} = \frac{\square}{\square}$

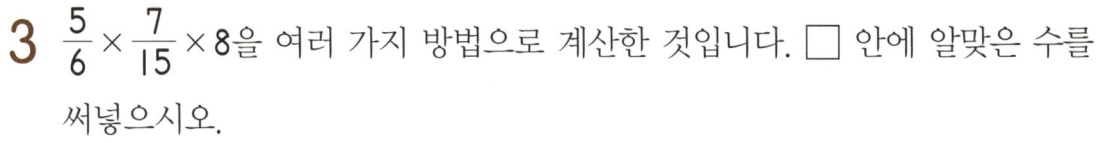

3 $\dfrac{5}{6} \times \dfrac{7}{15} \times 8$을 여러 가지 방법으로 계산한 것입니다. ☐ 안에 알맞은 수를 써넣으시오.

(1) $\dfrac{5}{6} \times \dfrac{7}{15} \times 8 = \left(\dfrac{\overset{1}{5}}{6} \times \dfrac{7}{\underset{3}{15}} \right) \times 8 = \dfrac{\boxed{}\;\boxed{}}{18\,\boxed{}} \times 8 = \dfrac{\boxed{}}{\boxed{}} = \boxed{}\dfrac{\boxed{}}{\boxed{}}$

(2) $\dfrac{5}{6} \times \dfrac{7}{15} \times 8 = \dfrac{5 \times 7 \times \overset{\boxed{}}{\cancel{8}}^{\boxed{}}}{\underset{\boxed{}\;\boxed{}}{\cancel{6} \times \cancel{15}}} = \dfrac{\boxed{}}{\boxed{}} = \boxed{}\dfrac{\boxed{}}{\boxed{}}$

(3) $\dfrac{\overset{\boxed{}}{\cancel{5}}}{\underset{\boxed{}}{\cancel{6}}} \times \dfrac{7}{\underset{\boxed{}}{\cancel{15}}} \times \overset{\boxed{}}{8} = \dfrac{\boxed{}}{\boxed{}} = \boxed{}\dfrac{\boxed{}}{\boxed{}}$

4 $10 \times 1\dfrac{1}{8} \times \dfrac{1}{2}$을 여러 가지 방법으로 계산한 것입니다. ☐ 안에 알맞은 수를 써넣으시오.

(1) $10 \times 1\dfrac{1}{8} \times \dfrac{1}{2} = \left(10 \times \dfrac{\boxed{}}{\underset{\boxed{}}{8}} \right) \times \dfrac{1}{2} = \dfrac{\boxed{}}{\boxed{}} \times \dfrac{1}{2} = \dfrac{\boxed{}}{\boxed{}} = \boxed{}\dfrac{\boxed{}}{\boxed{}}$

(2) $10 \times 1\dfrac{1}{8} \times \dfrac{1}{2} = 10 \times \dfrac{\boxed{}}{8} \times \dfrac{1}{2} = \dfrac{10 \times \overset{\boxed{}}{\boxed{}} \times 1}{\underset{\boxed{}}{8 \times 2}} = \dfrac{\boxed{}}{\boxed{}} = \boxed{}\dfrac{\boxed{}}{\boxed{}}$

(3) $10 \times 1\dfrac{1}{8} \times \dfrac{1}{2} = \overset{\boxed{}}{\cancel{10}} \times \dfrac{\boxed{}}{\underset{\boxed{}}{8}} \times \dfrac{1}{2} = \dfrac{\boxed{}}{\boxed{}} = \boxed{}\dfrac{\boxed{}}{\boxed{}}$

★ 이름 :

★ 날짜 :

★ 시간 :　시　분 ~　시　분

◆ 세 분수의 곱셈(2) ◆

1 　$\dfrac{7}{15} \times \dfrac{2}{3} \times 10$을 잘못 계산한 사람은 누구입니까?

진우: $\dfrac{7}{15} \times \dfrac{2}{3} \times 10 = \left(\dfrac{7}{15} \times \dfrac{2}{3}\right) \times 10 = \dfrac{14}{45} \times \overset{2}{\underset{9}{10}} = \dfrac{28}{9} = 3\dfrac{1}{9}$

민희: $\dfrac{7}{15} \times \dfrac{2}{3} \times 10 = \dfrac{7 \times \overset{1}{2}}{15 \times 3 \times \underset{5}{10}} = \dfrac{7}{225}$

[답]

🐸 보기 와 같이 계산하시오. [2~3]

보기

$1\dfrac{1}{3} \times \dfrac{9}{35} \times \dfrac{5}{8} = \dfrac{\overset{1}{4}}{\underset{1}{3}} \times \dfrac{\overset{3}{9}}{\underset{7}{35}} \times \dfrac{5}{\underset{2}{8}} = \dfrac{3}{14}$

2 　$\dfrac{2}{3} \times 2\dfrac{4}{5} \times 1\dfrac{2}{7}$

3 　$5 \times \dfrac{9}{10} \times 2\dfrac{1}{4}$

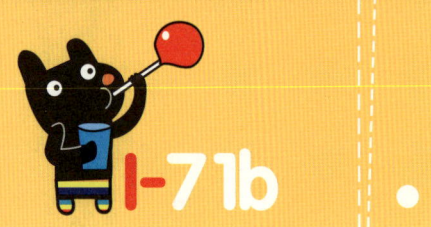

 다음을 계산하시오. [4~8]

4 $\dfrac{4}{5} \times \dfrac{3}{8} \times \dfrac{5}{6}$

5 $\dfrac{5}{12} \times 9 \times \dfrac{8}{15}$

6 $\dfrac{2}{9} \times 3\dfrac{3}{5} \times \dfrac{7}{10}$

7 $\dfrac{1}{4} \times 4\dfrac{2}{5} \times 12$

8 $5\dfrac{4}{7} \times 4\dfrac{2}{3} \times 2$

 사고력 학습

★ 이름 :

★ 날짜 :

★ 시간 :　　시　　분 ~ 　　시　　분

확인

◆ 세 분수의 곱셈(3) ◆

1 빈 곳에 알맞은 수를 써넣으시오.

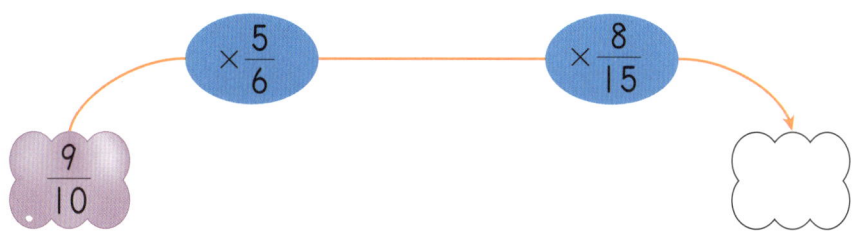

$\times \dfrac{5}{6}$　　　$\times \dfrac{8}{15}$

$\dfrac{9}{10}$

2 ○ 안에 >, =, <를 알맞게 써넣으시오.

$$4\dfrac{2}{3} \times 1\dfrac{9}{10} \times \dfrac{6}{7} \quad \bigcirc \quad \dfrac{3}{14} \times 15 \times 2\dfrac{13}{18}$$

3 □ 안에 들어갈 수 있는 자연수는 모두 몇 개입니까?

$$\dfrac{3}{4} \times \dfrac{1}{5} \times \dfrac{4}{9} < \dfrac{1}{\square} < \dfrac{2}{5} \times \dfrac{6}{7} \times \dfrac{5}{12}$$

[답]

사고력 학습

4 진영이가 가지고 있는 책은 모두 120권입니다. 이 중에서 $\frac{3}{5}$은 동화책이고, 동화책 중의 $\frac{5}{8}$는 전래 동화입니다. 진영이가 가지고 있는 전래 동화는 몇 권입니까?

[답]

5 주호의 몸무게는 $47\frac{1}{4}$ kg이고, 현아의 몸무게는 주호의 몸무게의 $\frac{3}{8}$입니다. 민우의 몸무게는 현아의 몸무게의 $2\frac{2}{7}$일 때, 민우의 몸무게는 몇 kg입니까?

[답]

6 한 변이 $2\frac{1}{6}$ cm인 정사각형 모양의 타일 45장을 바닥에 붙였습니다. 타일이 붙어 있는 바닥의 넓이는 몇 cm^{2}입니까?

[답]

 사고력 학습

 I-73a

★ 이름 :

★ 날짜 :

★ 시간 :　시　분 ~　시　분

확인

🌐 창의력 학습

놀이판에 분수의 곱이 5보다 크면 위쪽으로, 5보다 작으면 오른쪽으로 가는 규칙을 정하여 도착한 곳의 물건을 가지기로 했습니다. 재민이가 이 놀이를 할 때 어느 물건을 가지게 되겠습니까?

연필　　　축구공 　　　자동차

인형

$$4\frac{2}{5} \times 1\frac{5}{11} \qquad 1\frac{11}{14} \times 2\frac{1}{10} \qquad 3\frac{9}{10} \times 2\frac{4}{13}$$

동화책

$$2\frac{1}{5} \times 2\frac{1}{5} \qquad 4\frac{1}{2} \times 2\frac{2}{3} \qquad 5\frac{1}{4} \times 2\frac{2}{9}$$

크레파스

$$\rightarrow 3\frac{3}{7} \times 1\frac{1}{6} \qquad 2\frac{5}{8} \times 2\frac{4}{15} \qquad 1\frac{2}{7} \times 1\frac{17}{18}$$

[답]

연정이는 책을 읽다가 다음과 같은 글을 보았습니다.

> 이 세상 사람의 절반은 여자입니다.
>
> 그 여자의 $\frac{1}{3}$ 은 아시아 대륙에 살고 있습니다.
>
> 또 그 여자의 $\frac{1}{4}$ 은 안경을 썼습니다.
>
> 또 그 여자의 $\frac{1}{5}$ 은 치마를 입는다고 합니다.
>
> 또 그 여자의 $\frac{1}{7}$ 은 거짓말을 못한다고 합니다.

아시아에 살면서 안경을 쓰고, 치마를 입는 거짓말을 못하는 여자는 이 세상 사람의 몇 분의 몇입니까?

[답]

★ 이름 :

★ 날짜 :

★ 시간 : 시 분 ~ 시 분

확인

✚ 경시대회 예상문제

1 어떤 수는 54의 $\frac{5}{6}$입니다. 어떤 수의 $\frac{3}{5}$은 얼마입니까?

[답]

2 I에서 9까지의 수 중에서 □ 안에 들어갈 수 있는 수를 모두 구하시오.

$$7\frac{5}{9} \times \square < 30$$

[답]

3 한 시간에 85km를 가는 자동차가 있습니다. 이 자동차가 40분 동안 달린 거리는 몇 km입니까?

[답]

4 호영이는 어제 사탕 한 봉지를 사서 전체의 $\frac{5}{9}$를 먹고, 오늘은 나머지의 $\frac{1}{2}$을 먹었습니다. 호영이가 오늘 먹은 사탕은 전체의 몇 분의 몇입니까?

[답]

5 어느 도형의 넓이가 몇 cm² 더 넓습니까?

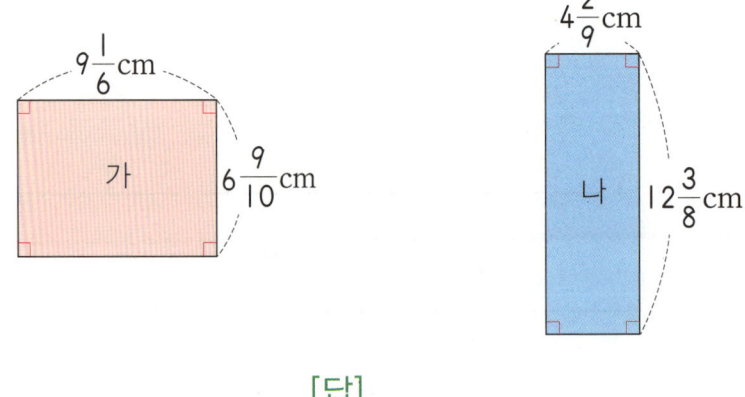

[답]

6 다음 숫자 카드를 한 번씩만 사용하여 가장 큰 대분수와 가장 작은 대분수를 만들었습니다. 두 대분수의 곱을 구하시오.

[답]

7 어떤 분수에 $3\frac{1}{8}$ 을 곱해야 할 것을 잘못하여 더했더니 $7\frac{21}{40}$ 이 되었습니다. 바르게 계산하면 얼마입니까?

[답] _____

🐤 서술형·논술형

8 색칠한 부분의 넓이는 몇 cm^2 인지 풀이 과정을 쓰고 답을 구하시오.

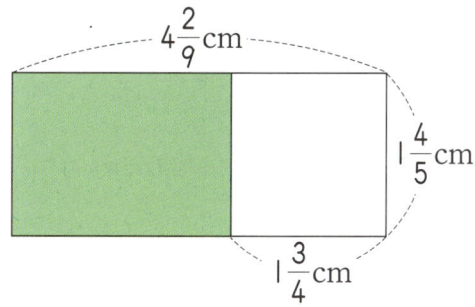

_____

_____

[답] _____

9 ㉠⊙㉡ = (㉠−㉡)×16×(㉠+㉡)일 때, 다음을 계산하시오.

$$1\frac{1}{4} \odot \frac{5}{6}$$

[답] _____

10 운동장에 학생들이 모여 있습니다. 이 중 $\frac{5}{8}$는 여학생이고, 여학생 중 $\frac{4}{9}$는 자전거를 탈 수 있고, 자전거를 타는 여학생 중에서 $\frac{3}{5}$은 자전거를 가지고 있습니다. 운동장에 모인 학생 중 자전거를 탈 수 있으면서 자전거를 가지고 있는 여학생은 전체의 몇 분의 몇입니까?

[답]

11 인정이의 몸무게는 아버지의 몸무게의 $\frac{7}{15}$이고, 어머니의 몸무게는 인정이의 몸무게의 $1\frac{1}{2}$입니다. 아버지의 몸무게가 **75kg**이면, 어머니의 몸무게는 몇 **kg**입니까?

[답]

🐤 **서술형·논술형**

12 영훈이가 집에서 놀이공원에 가는 데 전체 거리의 $\frac{3}{5}$은 지하철을 탔고, 나머지의 $\frac{5}{6}$는 버스를 탔으며 남은 거리는 걸었습니다. 걸어서 간 거리가 $1\frac{1}{3}$ **km**라면 영훈이네 집에서 놀이공원까지의 거리는 몇 **km**인지 풀이 과정을 쓰고 답을 구하시오.

[답]

 경시대회 예상문제

사고력도 탄탄! 창의력도 탄탄!

기탄 사고력수학

12

176a ~ 190b

학습 관리표

학습 내용		이번 주는?
도형의 합동	· 합동인 도형 알기 · 합동인 도형의 성질 · 합동인 삼각형 그리기 · 합동인 삼각형을 그릴 수 없는 경우 · 창의력 학습 · 경시대회 예상문제	• 학습 방법 : ① 매일매일　② 가끔　③ 한꺼번에 　　　하였습니다. • 학습 태도 : ① 스스로 잘　② 시켜서 억지로 　　　하였습니다. • 학습 흥미 : ① 재미있게　② 싫증내며 　　　하였습니다. • 교재 내용 : ① 적합하다고　② 어렵다고　③ 쉽다고 　　　하였습니다.
지도 교사가 부모님께		**부모님이 지도 교사께**
평가	Ⓐ 아주 잘함　　　Ⓑ 잘함　　　Ⓒ 보통　　　Ⓓ 부족함	

원(교)　　　　반　이름　　　　　전화

기초부터 탄탄하게
G 기탄교육
www.gitan.co.kr / (02)586-1007(대)

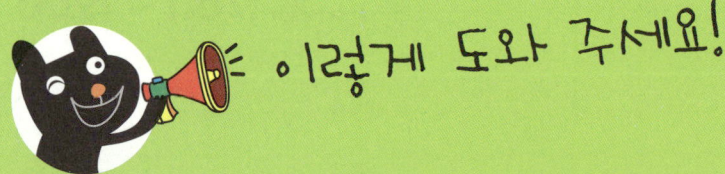

이렇게 도와 주세요!

● 학습 목표
– 합동인 도형을 이해할 수 있습니다.
– 합동인 도형을 만들 수 있습니다.
– 합동인 두 도형에서 대응점, 대응변, 대응각을 이해하고, 그 성질을 알 수 있습니다.
– 합동인 삼각형을 그리는 방법을 이해하고 그릴 수 있습니다.

● 지도 내용
– 도형을 겹쳐서 오리는 활동을 통하여 도형의 합동을 이해합니다.
– 주어진 도형에서 합동인 도형을 찾습니다.
– 합동인 두 도형에서 완전히 겹쳐지는 꼭짓점, 변, 각을 찾아보고 대응점, 대응변, 대
  응각을 이해합니다.
– 합동인 도형의 대응변의 길이와 대응각의 크기가 각각 같음을 알 수 있습니다.
– 세 변의 길이를 알 때 자와 컴퍼스를 사용하여 합동인 삼각형을 그려 봅니다.
– 두 변의 길이와 그 사이에 있는 각의 크기를 알 때 자와 각도기를 사용하여 합동인
  삼각형을 그려 봅니다.
– 한 변의 길이와 그 양 끝 각의 크기를 알 때 자와 각도기를 사용하여 합동인 삼각
  형을 그려 봅니다.
– 합동인 삼각형을 그릴 수 없는 이유를 이해합니다.

● 지도 요점
여러 가지 활동을 통하여 모양과 크기가 같은 두 도형이 합동임을 이해하게 하고, 합
동인 도형을 찾을 수 있게 합니다. 합동인 도형에서 대응점, 대응변, 대응각을 찾아볼
수 있게 하며, 주어진 삼각형과 합동인 삼각형을 그리는 세 가지 방법을 알게 하고 이
를 바탕으로 삼각형의 변의 길이와 각의 크기가 주어졌을 때, 합동인 삼각형을 능숙
하게 그릴 수 있도록 합니다. 또 나아가 주어진 사각형과 합동인 사각형을 그리게 합
니다.

확인

I-76a

★ 이름 :

★ 날짜 :

★ 시간 :　　시　분 ~　시　분

◆ **합동인 도형 알기(1)** ◆

모양과 크기가 같아서 완전히 겹쳐지는 두 도형을 서로 합동이라고
합니다.

1 보기 의 도형을 투명종이에 본을 떠서 겹쳐 보았을 때, 완전히 겹쳐지는 도
형을 찾아 기호를 쓰시오.

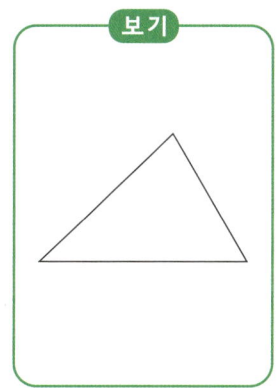
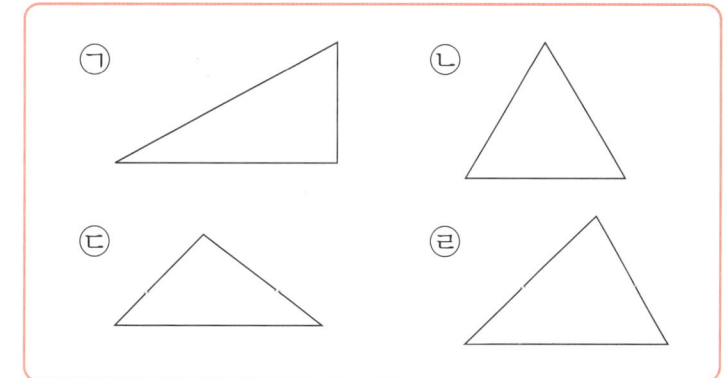

[답]

2 도형 가와 합동이 아닌 도형에 ○표 하시오.

 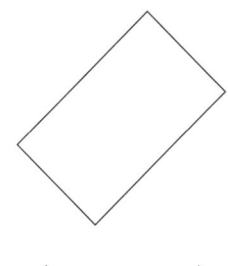 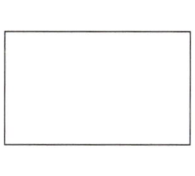 

(　　　　) (　　　　) (　　　　)

사고력 학습

😊 도형을 보고 물음에 답하시오. [3~6]

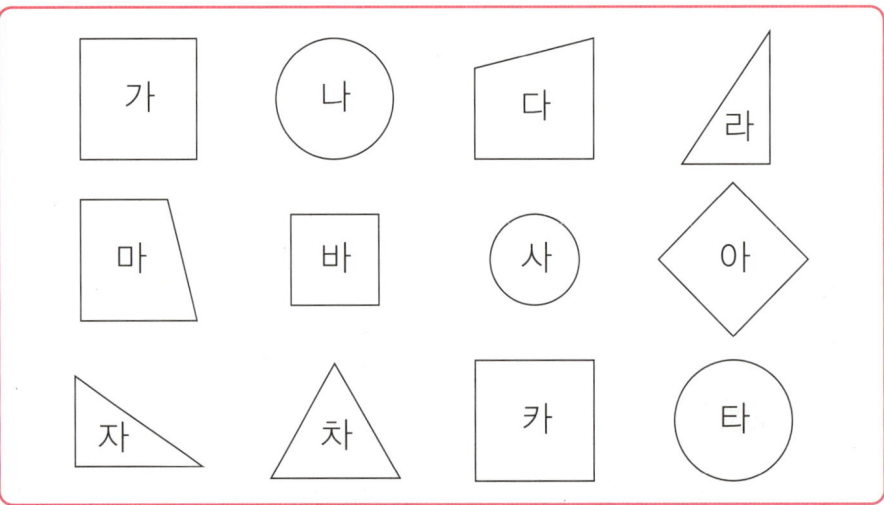

3 도형 가와 합동인 도형을 찾아 쓰시오.

[답] _____

4 도형 나와 합동인 도형을 찾아 쓰시오.

[답] _____

5 도형 다와 합동인 도형을 찾아 쓰시오.

[답] _____

6 도형 라와 합동인 도형을 찾아 쓰시오.

[답] _____

◆ 합동인 도형 알기(2) ◆

🐸 합동인 도형을 찾아 쓰시오. [1~3]

1

[답]

2

[답]

3

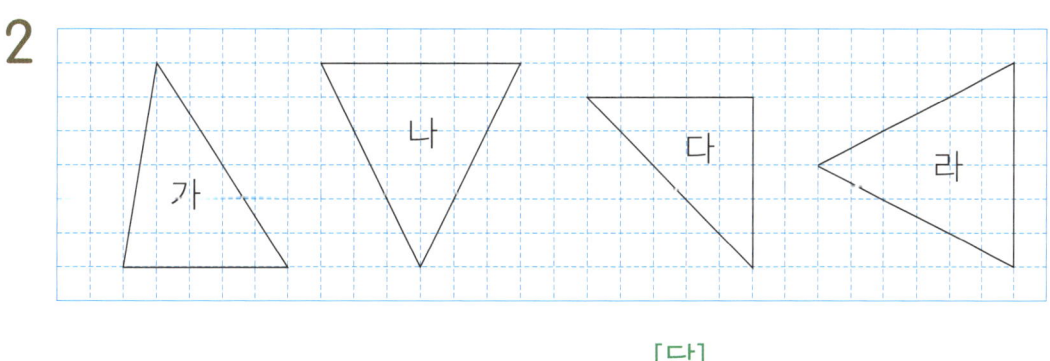

[답]

4 합동인 도형을 모두 찾아 쓰시오.

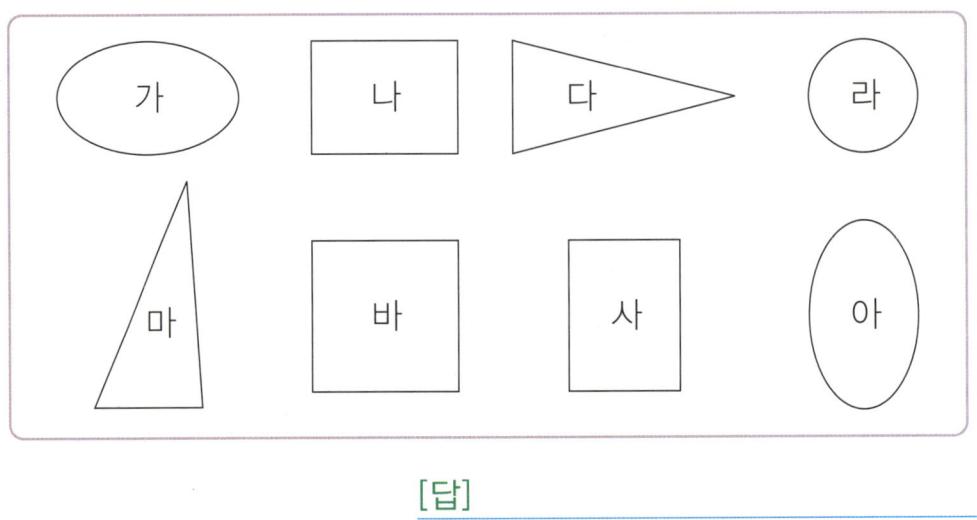

[답] _____

5 두 도형이 합동이 되도록 만들려고 합니다. 오른쪽 도형을 어떻게 하면 되는 지 쓰시오.

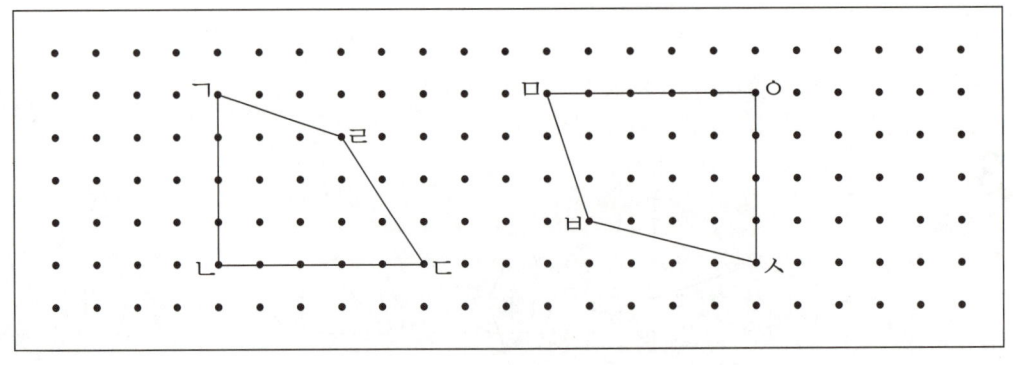

[답] _____

_____

★ 이름 :

★ 날짜 :

★ 시간 :　시　분 ~　시　분

확인

◆ 합동인 도형의 성질(1) ◆

합동인 두 도형을 완전히 포개었을 때, 겹쳐지는 꼭짓점을 대응점, 겹쳐지는 변을 대응변, 겹쳐지는 각을 대응각이라고 합니다.

1 합동인 두 도형을 포개었을 때 겹쳐지는 곳을 알아보려고 합니다. 물음에 답하시오.

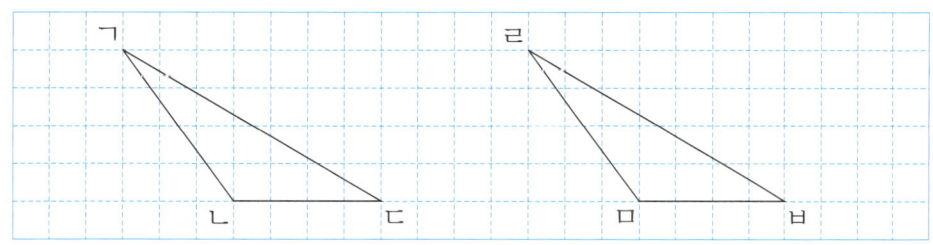

(1) 포개었을 때 서로 겹쳐지는 꼭짓점을 모두 찾아 쓰시오.

　[답]

(2) 포개었을 때 서로 겹쳐지는 변을 모두 찾아 쓰시오.

　[답]

(3) 포개었을 때 서로 겹쳐지는 각을 모두 찾아 쓰시오.

　[답]

2 두 사각형은 합동입니다. 물음에 답하시오.

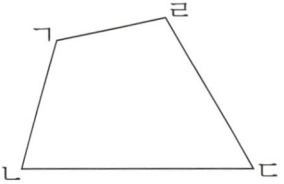
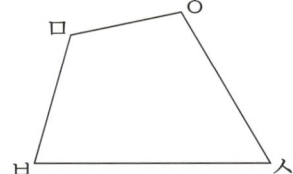

(1) 대응점을 찾아 쓰시오.

점 ㄱ과 _____ 　　점 ㄴ과 _____

점 ㄷ과 _____ 　　점 ㄹ과 _____

(2) 대응변을 찾아 쓰시오.

변 ㄱㄴ과 _____ 　　변 ㄴㄷ과 _____

변 ㄷㄹ과 _____ 　　변 ㄹㄱ과 _____

(3) 대응각을 찾아 쓰시오.

각 ㄱㄴㄷ과 _____ 　　각 ㄴㄷㄹ과 _____

각 ㄷㄹㄱ과 _____ 　　각 ㄹㄱㄴ과 _____

3 두 삼각형은 합동입니다. 대응점, 대응변, 대응각은 각각 몇 쌍 있습니까?

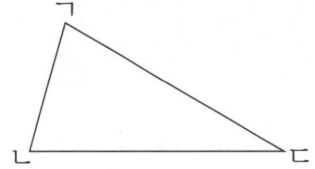
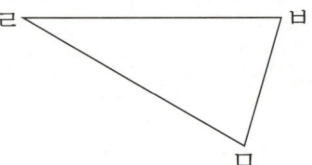

[답] _____

● 이름 :

● 날짜 :

● 시간 : 　시　　분 ~ 　시　　분

확인

◆ **합동인 도형의 성질**(2) ◆

1 두 삼각형은 합동입니다. 물음에 답하시오.

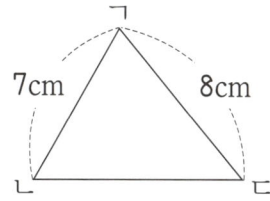

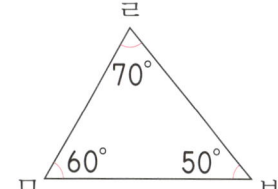

(1) 변 ㄹㅁ의 길이는 몇 cm입니까?

[답]

(2) 각 ㄱㄷㄴ의 크기는 몇 도입니까?

[답]

2 두 사각형은 합동입니다. 물음에 답하시오.

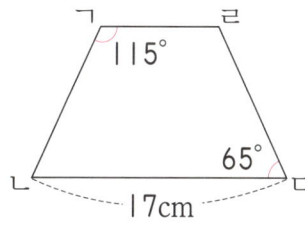

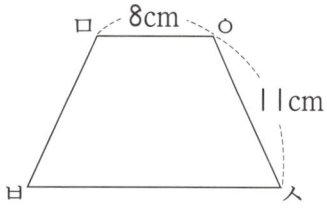

(1) 변 ㄱㄹ의 길이는 몇 cm입니까?

[답]

(2) 각 ㅂㅅㅇ의 크기는 몇 도입니까?

[답]

3 두 삼각형은 합동입니다. 물음에 답하시오.

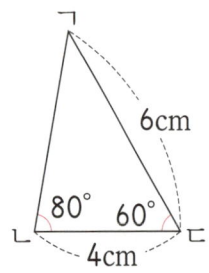

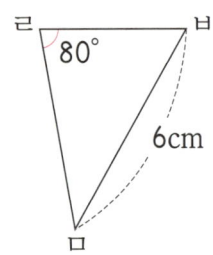

(1) 변 ㄹㅂ의 길이는 몇 cm입니까?

[답]

(2) 각 ㄹㅂㅁ의 크기는 몇 도입니까?

[답]

4 두 사각형은 합동입니다. 물음에 답하시오.

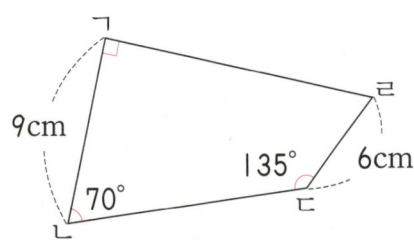

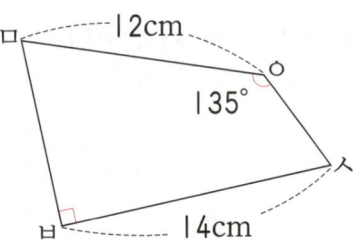

(1) 변 ㄴㄷ의 길이는 몇 cm입니까?

[답]

(2) 변 ㅁㅂ의 길이는 몇 cm입니까?

[답]

(3) 각 ㅂㅁㅇ의 크기는 몇 도입니까?

[답]

✿ 이름 :

✿ 날짜 :

✿ 시간 :   시   분 ~   시   분

확인

◆ **합동인 도형의 성질(3)** ◆

1 두 이등변삼각형은 합동입니다. □ 안에 알맞은 수를 써넣으시오.

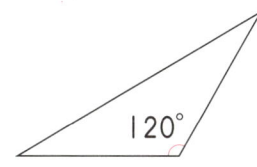

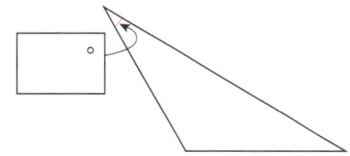

2 두 삼각형은 합동입니다. 삼각형 ㄱㄴㄷ의 둘레는 몇 cm입니까?

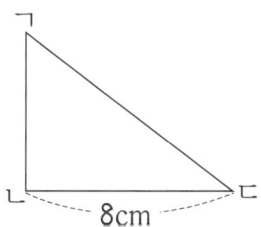

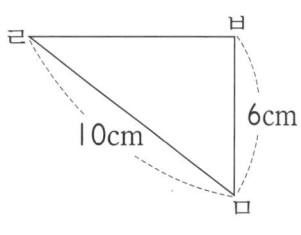

[답]

3 두 사각형은 합동입니다. 사각형 ㅁㅂㅅㅇ의 둘레는 몇 cm입니까?

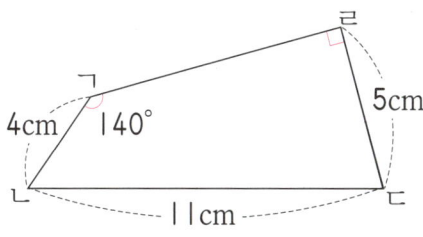

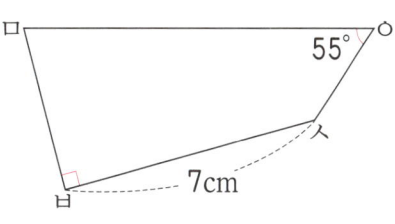

[답]

사고력 학습

4 오른쪽 삼각형 ㄱㄴㄷ과 삼각형 ㄹㄴㅁ은 합동입니다. 물음에 답하시오.

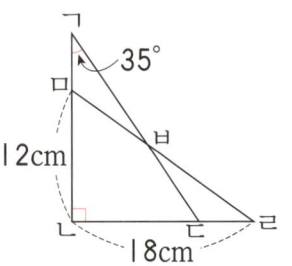

(1) 각 ㄹㅁㄴ의 크기는 몇 도입니까?

[답] _____

(2) 삼각형 ㄹㄴㅁ의 둘레가 52cm일 때, 변 ㄱㄷ의 길이는 몇 cm입니까?

[답] _____

5 사각형 ㄱㄴㄷㄹ과 사각형 ㅅㅂㄷㅁ은 합동입니다. 물음에 답하시오.

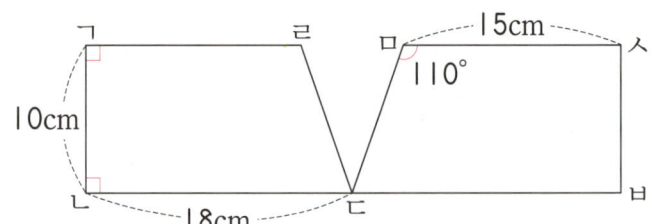

(1) 변 ㅅㅂ의 길이는 몇 cm입니까?

[답] _____

(2) 각 ㄴㄷㄹ의 크기는 몇 도입니까?

[답] _____

(3) 각 ㄹㄷㅁ의 크기는 몇 도입니까?

[답] _____

(4) 사각형 ㄱㄴㄷㄹ의 둘레가 54cm일 때, 변 ㄷㅁ의 길이는 몇 cm입니까?

[답] _____

 사고력 학습

★ 이름 :

★ 날짜 :

★ 시간 : 시 분 ~ 시 분

◆ **합동인 삼각형 그리기 1(1)** ◆

1 세 변의 길이가 주어진 삼각형과 합동인 삼각형을 그릴 때, 필요 없는 도구에 ○표 하시오.

| 연필 | 각도기 | 컴퍼스 | 자 |

2 오른쪽 삼각형 ㄱㄴㄷ과 합동인 삼각형을 그리려고 합니다. 그리는 순서대로 기호를 쓰시오.

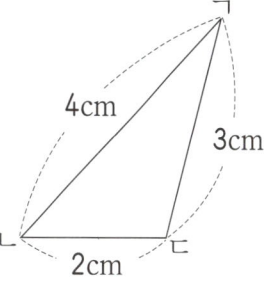

> ㉠ 두 원이 만나는 점 ㄱ을 찾아 점 ㄱ과 점 ㄴ, 점 ㄱ과 점 ㄷ을 잇습니다.
> ㉡ 점 ㄴ을 중심으로 반지름이 4cm인 원의 일부분을 그립니다.
> ㉢ 길이가 2cm인 선분 ㄴㄷ을 긋습니다.
> ㉣ 점 ㄷ을 중심으로 반지름이 3cm인 원의 일부분을 그립니다.

[답]

3 오른쪽 삼각형과 합동인 삼각형을 그리려고 합니다. 길이가 7cm인 선분을 그은 후 반지름이 3cm인 원의 일부분을 그리려면 원의 중심을 어느 점에 놓아야 합니까?

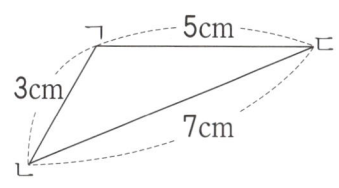

[답]

4 세 변이 각각 4cm, 5cm, 6cm인 삼각형과 합동인 삼각형을 그리는 과정입니다. □ 안에 알맞은 수를 써넣으시오.

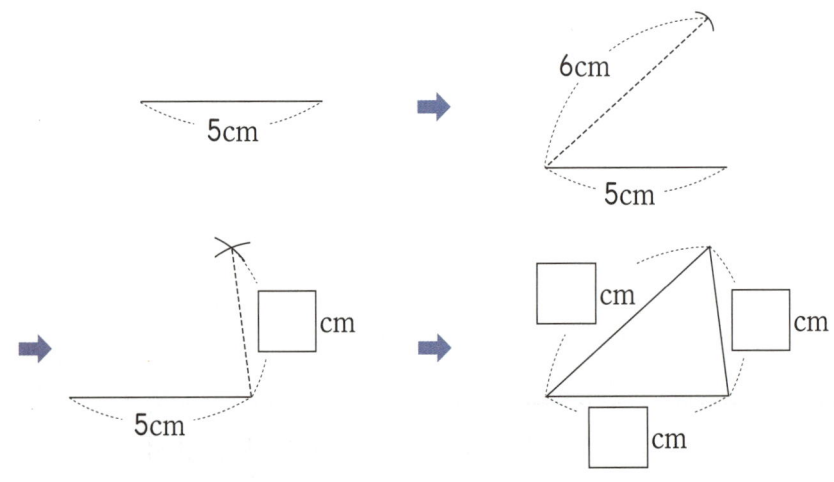

5 자와 컴퍼스를 사용하여 합동인 삼각형을 그리려고 합니다. 나머지 부분을 완성하시오.

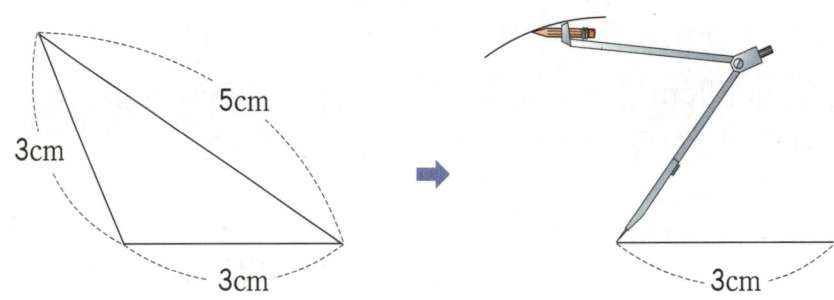

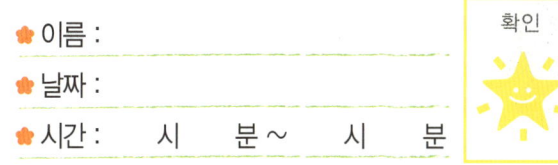

◆ **합동인 삼각형 그리기 1(2)** ◆

🐸 자와 컴퍼스를 사용하여 왼쪽 삼각형과 합동인 삼각형을 그리시오. [1~3]

1

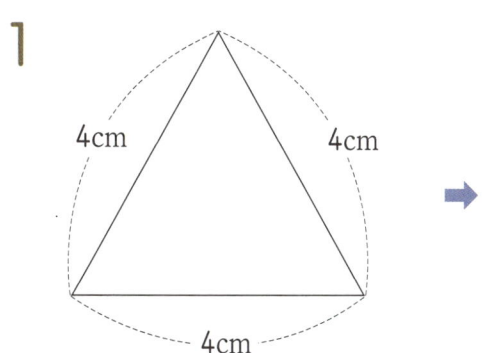

2

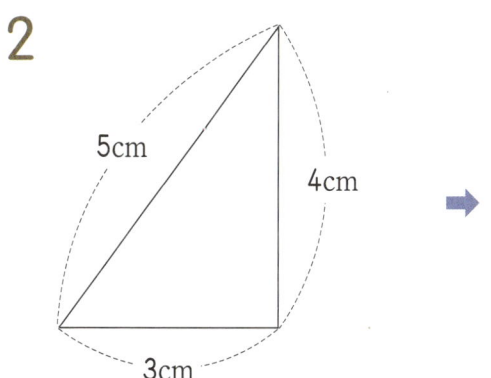

3

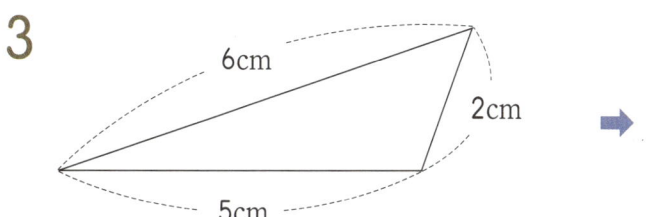

자와 컴퍼스를 사용하여 다음과 같은 삼각형을 그리시오. [4~6]

4 세 변이 각각 4cm, 3cm, 3cm인 삼각형

5 세 변이 각각 5.5cm, 4cm, 2.5cm인 삼각형

6 한 변이 5cm인 정삼각형

♣ 이름 :

♣ 날짜 :

♣ 시간 :   시   분 ~   시   분

확인

◆ 합동인 삼각형 그리기 2(1) ◆

1 다음 삼각형과 합동인 삼각형을 그리는 과정입니다. 순서에 맞게 (   ) 안에 번호를 써넣으시오.

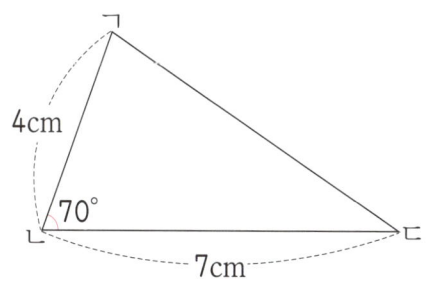

(   ) 점 ㄱ과 점 ㄷ을 잇습니다.

(   ) 길이가 7cm인 선분 ㄴㄷ을 긋습니다.

(   ) 점 ㄴ에서 4cm인 곳에 점 ㄱ을 찍습니다.

(   ) 점 ㄴ을 꼭짓점으로 하여 각도기로 70°인 각을 그립니다.

2 삼각형 ㄱㄴㄷ과 합동인 삼각형을 자와 각도기를 사용하여 그리려고 합니다. 이때 어느 한 각의 크기를 알아야 그릴 수 있습니까?

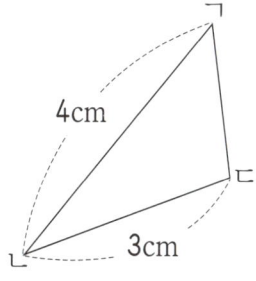

[답]

사고력 학습

3 두 변이 각각 6cm, 5cm이고 그 사이에 있는 각의 크기가 45°인 삼각형을
그리는 과정입니다. ☐ 안에 알맞은 수를 써넣으시오.

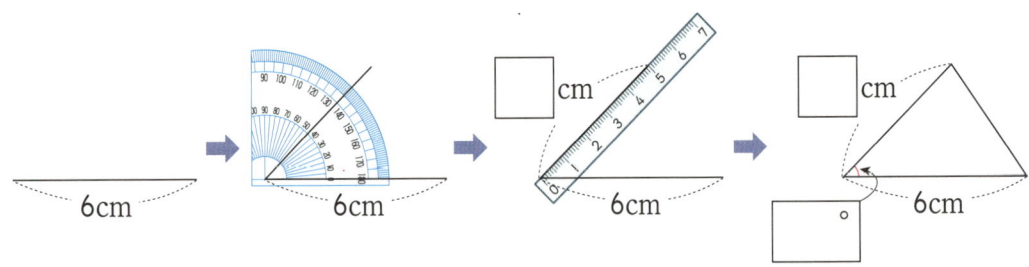

자와 각도기를 사용하여 합동인 삼각형을 그리려고 합니다. 나머지 부분을 완성하
시오. [4~5]

4

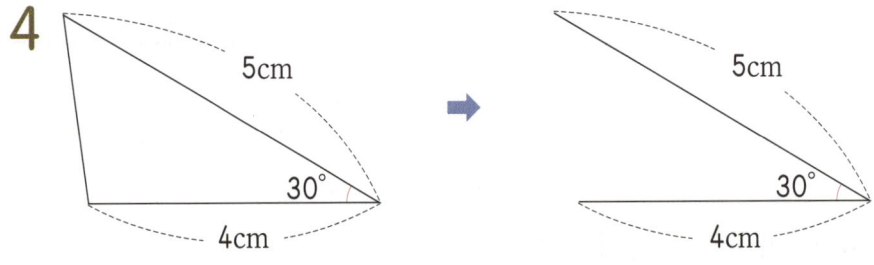

5

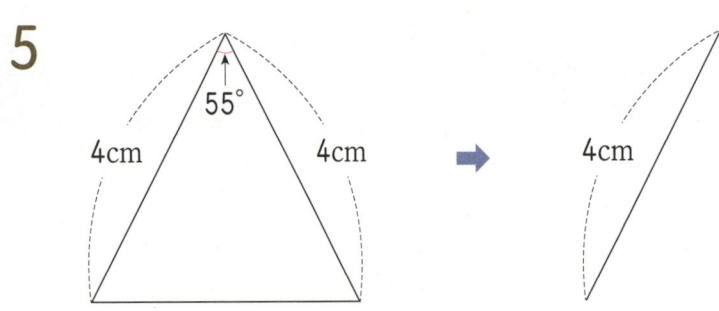

I-84a

★ 이름 :

★ 날짜 :

★ 시간 :　　시　　분 ~ 　　시　　분

확인

◆ **합동인 삼각형 그리기 2(2)** ◆

🐸 자와 각도기를 사용하여 왼쪽 삼각형과 합동인 삼각형을 그리시오. [1~3]

1

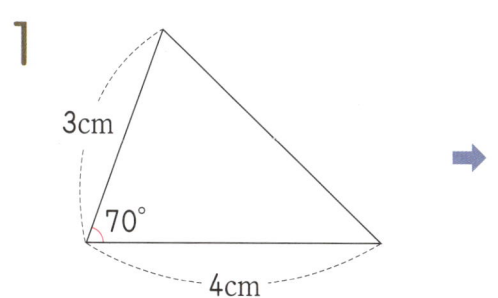

2

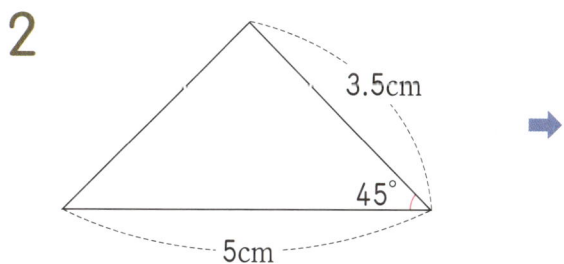

3

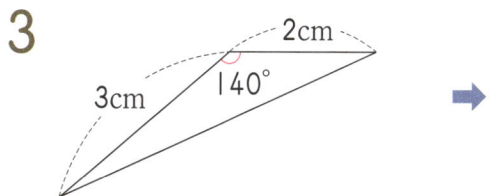

자와 각도기를 사용하여 다음과 같은 삼각형을 그리시오. [4~6]

4 두 변이 각각 3cm, 5cm이고 그 사이에 있는 각의 크기가 80°인 삼각형

5 두 변이 각각 4cm, 4cm이고 그 사이에 있는 각의 크기가 110°인 삼각형

6 두 변이 각각 4cm, 6cm이고 그 사이에 있는 각의 크기가 50°인 삼각형

● 이름 :

● 날짜 :

● 시간 :　　시　　분 ~ 　　시　　분

◆ **합동인 삼각형 그리기 3(1)** ◆

1 오른쪽 삼각형 ㄱㄴㄷ과 합동인 삼각형을 그리는 순
서를 나타낸 것입니다. ☐ 안에 알맞게 써넣으시오.

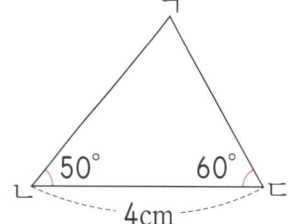

① 길이가 ☐ cm인 선분 ☐ 을 긋습니다.

② 점 ㄴ을 꼭짓점으로 하여 각도기로 ☐ °인 각

　을 그립니다.

③ 점 ㄷ을 꼭짓점으로 하여 각도기로 ☐ °인 각을 그립니다.

④ 두 각이 만나는 점 ☐ 을 찾아 삼각형 ㄱㄴㄷ을 완성합니다.

2 현우와 지민이가 각각 다음과 같이 도구를 가지고 있습니다. 가지고 있는 도
구를 사용하여 한 변의 길이와 그 양 끝 각의 크기가 주어진 삼각형과 합동인
삼각형을 그릴 수 있는 사람은 누구입니까?

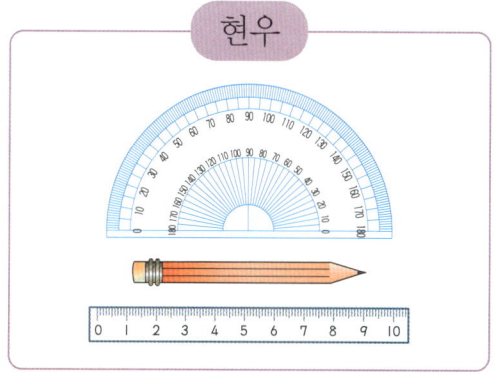

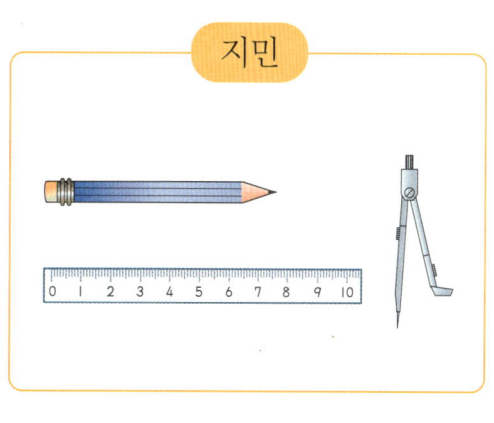

[답]

I-85b

3 한 변이 4cm이고 그 양 끝 각의 크기가 45°, 70°인 삼각형을 그리는 과정
입니다. □ 안에 알맞은 수를 써넣으시오.

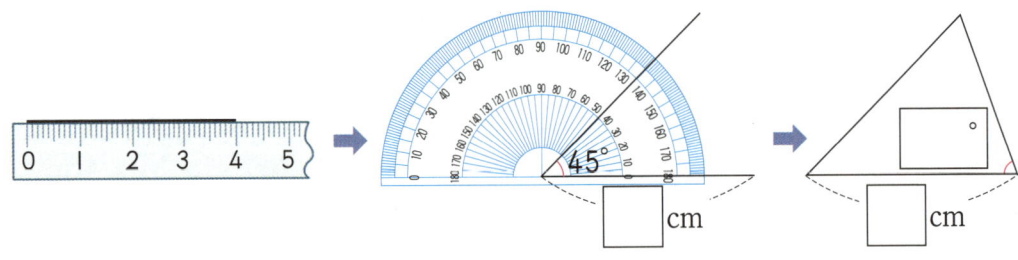

4 자와 각도기를 사용하여 합동인 삼각형을 그리려고 합니다. 나머지 부분을
완성하시오.

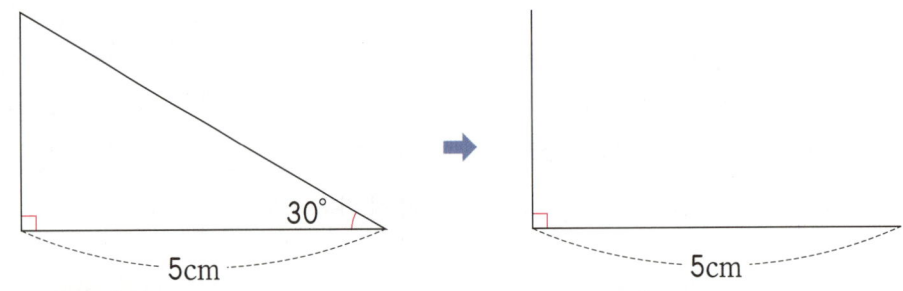

5 변 ㄱㄴ의 연장선 위에 점 ㄹ을 찍어 삼각형 ㄹㄴㄷ을 완
성하려고 합니다. 각 ㄴㄷㄹ이 될 수 없는 각을 찾아 ○
표 하시오.

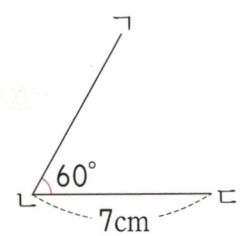

| 25° 70° 95° 105° 120° |

사고력 학습

I-86a

◆ **합동인 삼각형 그리기 3⑵** ◆

🐸 자와 각도기를 사용하여 왼쪽 삼각형과 합동인 삼각형을 그리시오. [1~3]

1

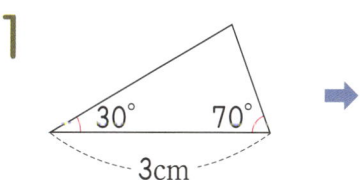

2

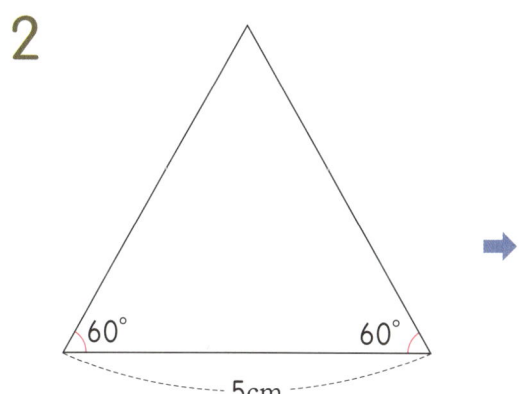

3

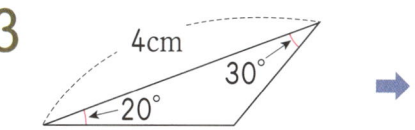

사고력 학습

🐸 자와 각도기를 사용하여 다음과 같은 삼각형을 그리시오. [4~6]

4 한 변이 3cm이고 그 양 끝 각의 크기가 80°, 50°인 삼각형

5 한 변이 2cm이고 그 양 끝 각의 크기가 120°, 40°인 삼각형

6 한 변이 4cm이고 그 양 끝 각의 크기가 45°인 이등변삼각형

🚗 사고력 학습

◆ 이름 :
◆ 날짜 :
◆ 시간 : 시   분 ~   시   분

확인

◆ 합동인 삼각형을 그릴 수 없는 경우 ◆

1 합동인 삼각형을 그릴 수 없는 것을 찾아 기호를 쓰시오.

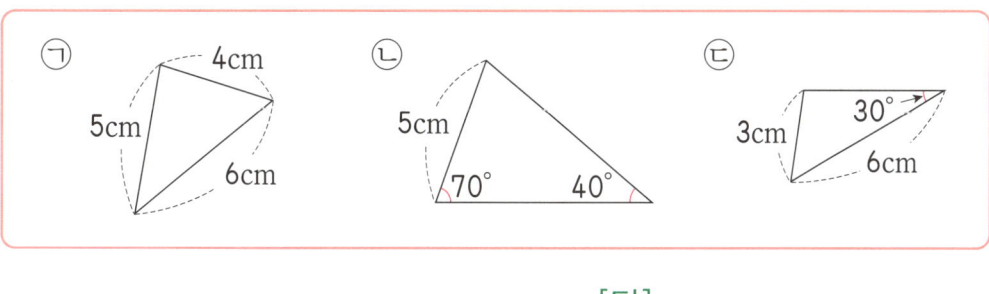

[답] _____

2 합동인 삼각형을 그릴 수 있는 조건이 아닌 것을 찾아 기호를 쓰시오.

> ㄱ 세 변의 길이가 주어진 삼각형
> ㄴ 세 각의 크기가 주어진 삼각형
> ㄷ 한 변의 길이와 그 양 끝 각의 크기가 주어진 삼각형
> ㄹ 두 변의 길이와 그 사이에 있는 각의 크기가 주어진 삼각형

[답] _____

3 오른쪽 삼각형 ㄱㄴㄷ과 합동인 삼각형을 그리려고 합니다. 알아야 할 조건을 모두 쓰시오.

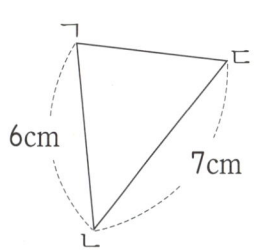

[답] _____

_____

4 삼각형의 세 변의 길이가 다음과 같을 때 삼각형을 그릴 수 없는 것을 모두 찾아 기호를 쓰시오.

> ㉠ 5cm, 3cm, 2cm   ㉡ 4cm, 5cm, 6cm   ㉢ 3cm, 7cm, 6cm
> ㉣ 8cm, 8cm, 8cm   ㉤ 4cm, 4cm, 9cm   ㉥ 11cm, 5cm, 9cm

[답]

5 세 변의 길이가 다음과 같은 삼각형과 합동인 삼각형을 그리려고 합니다. 가장 긴 변은 □cm일 때, □ 안에 들어갈 수 있는 자연수를 모두 구하시오.

| 7cm | □cm | 11cm |

[답]

6 한 변이 10cm이고 그 양 끝 각의 크기는 다음에서 2개를 고른다면 모두 몇 가지의 삼각형을 그릴 수 있습니까?

| 130°   45°   90°   100°   155°   60° |

[답]

★ 이름 :

★ 날짜 :

★ 시간 :   시   분 ~   시   분

확인

🌐 창의력 학습

영호는 직사각형 모양의 도화지를 그림과 같이 접었습니다. 이 도화지의 넓이를 구하시오.

[답]

7조각을 모두 사용하여 주어진 모양과 합동인 도형을 만들어 보시오.

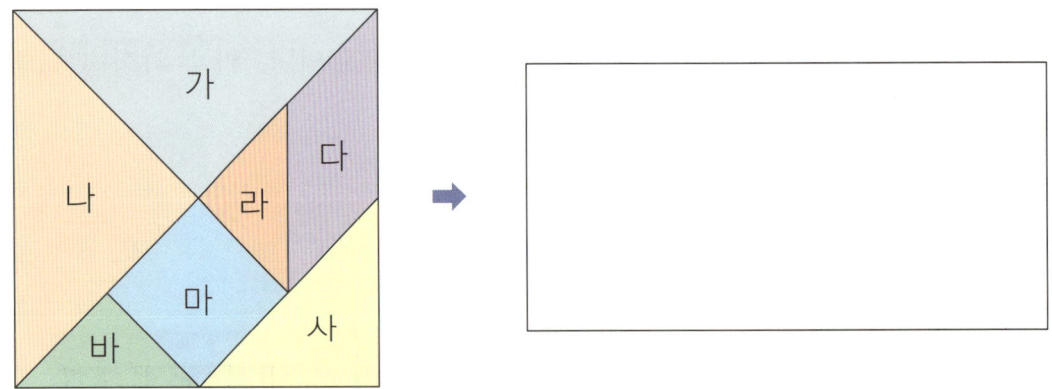

 경시대회 예상문제

1 오른쪽 정삼각형 ㄱㄴㄷ에서 삼각형 ㄱㄴㅂ과 합동인 삼각형은 모두 몇 개 있습니까?

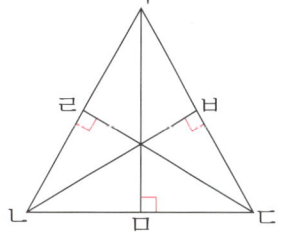

[답]

서술형·논술형

2 삼각형 ㄱㄴㄷ과 삼각형 ㄹㄷㅁ은 합동입니다. 삼각형 ㄱㄴㄷ의 둘레가 42cm일 때, 붙여 놓은 도형 전체의 둘레는 몇 cm인지 풀이 과정을 쓰고 답을 구하시오.

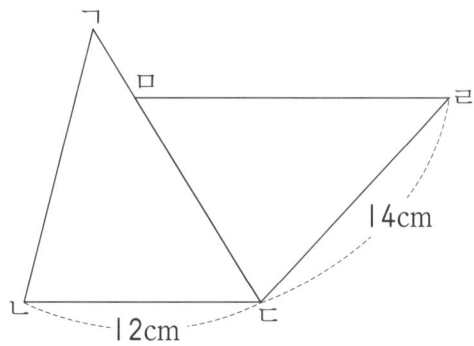

[답]

3 삼각형 ㄱㄴㄷ과 삼각형 ㄷㄹㅁ은 합동입니다. 각 ㄱㄷㅁ의 크기는 몇 도입니까?

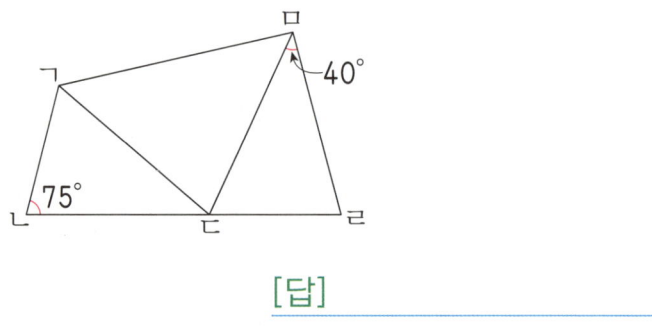

[답]

4 두 직사각형은 합동입니다. 직사각형 ㄱㄴㄷㄹ의 넓이가 216cm²일 때, 변 ㄱㄴ의 길이는 몇 cm입니까?

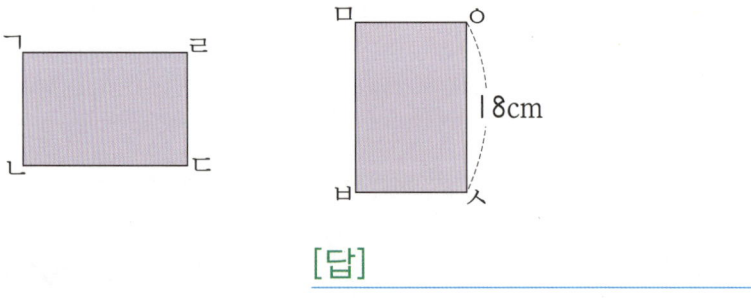

[답]

5 오른쪽 그림은 정사각형 ㄱㄴㄷㄹ을 합동인 세 개의 직사각형으로 나눈 것입니다. 직사각형 한 개의 둘레가 24cm라면 정사각형 ㄱㄴㄷㄹ의 둘레는 몇 cm입니까?

[답]

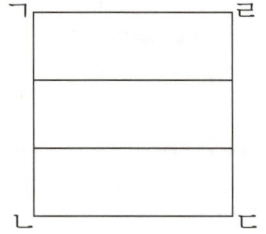

🌸 이름 :

🌸 날짜 :

🌸 시간 :　　　시　　분 ~　　　시　　분

6 합동인 삼각형을 그릴 수 없는 것을 모두 찾아 기호를 쓰시오.

> ㉠ 둘레가 **45cm**인 정삼각형
>
> ㉡ 세 각의 크기가 각각 **55°, 60°, 65°**인 삼각형
>
> ㉢ 한 변이 **6cm**이고 세 각의 크기가 모두 **60°**인 삼각형
>
> ㉣ 두 변이 각각 **3cm, 5cm**이고 한 각의 크기가 **45°**인 삼각형

[답]

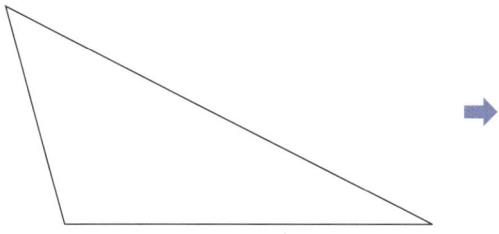

7 길이가 다음과 같은 선분이 있습니다. 이 중에서 **3개**를 골라 삼각형을 그릴 때, 그릴 수 있는 삼각형은 모두 몇 가지인지 풀이 과정을 쓰고 답을 구하시오.

| 2cm | 5cm | 7cm | 8cm | 10cm |

[답]

8 자와 컴퍼스를 사용하여 왼쪽 삼각형과 합동인 삼각형을 그리시오.

➡

9 사각형 ㄱㄴㄷㄹ과 합동인 사각형을 그리려고 합니다. 합동인 사각형을 그리는 순서대로 기호를 쓰시오.

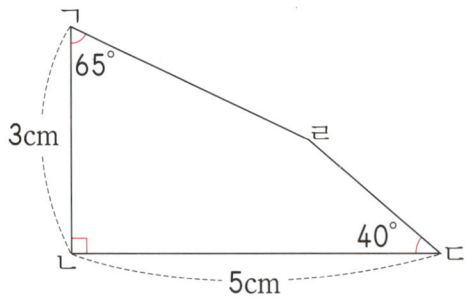

> ㉠ 점 ㄱ과 점 ㄷ에서 그린 각이 만나는 곳에 점 ㄹ을 찍습니다.
> ㉡ 점 ㄴ을 꼭짓점으로 하여 각도기로 90°인 각을 그립니다.
> ㉢ 길이가 5cm인 선분 ㄴㄷ을 긋습니다.
> ㉣ 점 ㄷ을 꼭짓점으로 하여 각도기로 40°인 각을 그립니다.
> ㉤ 점 ㄴ에서 길이가 3cm인 곳에 점 ㄱ을 찍습니다.
> ㉥ 점 ㄱ을 꼭짓점으로 하여 각도기로 65°인 각을 그립니다.

[답] _____

10 자, 각도기, 컴퍼스를 사용하여 왼쪽 사각형과 합동인 사각형을 그리시오.

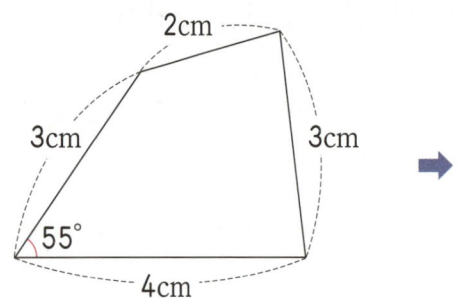

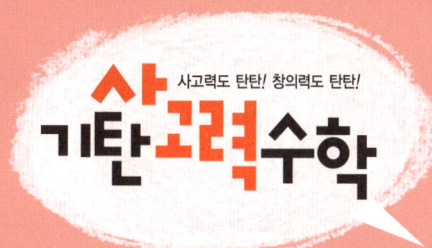

사고력도 탄탄! 창의력도 탄탄!

기탄고력수학 12

191a ~ 1105b

학습 관리표

학습 내용		이번 주는?
직육면체와 정육면체	· 면, 모서리, 꼭짓점 · 직육면체와 정육면체 · 직육면체의 성질 · 직육면체의 겨냥도 · 직육면체의 전개도 · 창의력 학습 · 경시대회 예상문제	• 학습 방법 : ① 매일매일　② 가끔　③ 한꺼번에 　　　　　　하였습니다. • 학습 태도 : ① 스스로 잘　② 시켜서 억지로 　　　　　　하였습니다. • 학습 흥미 : ① 재미있게　② 싫증내며 　　　　　　하였습니다. • 교재 내용 : ① 적합하다고　② 어렵다고　③ 쉽다고 　　　　　　하였습니다.

지도 교사가 부모님께	부모님이 지도 교사께

평가	Ⓐ 아주 잘함	Ⓑ 잘함	Ⓒ 보통	Ⓓ 부족함

원(교)　　　반　이름　　　전화

기초부터 탄탄하게
G 기탄교육

www.gitan.co.kr / (02)586-1007(대)

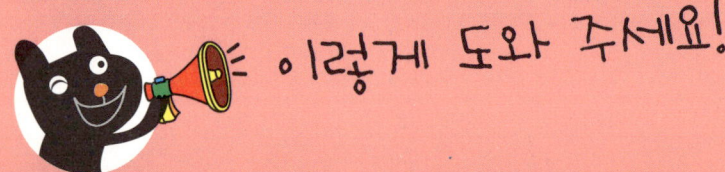

이렇게 도와 주세요!

● **학습 목표**
– 직육면체의 구성요소를 알 수 있습니다.
– 직육면체와 정육면체의 특징을 알고 직육면체와 정육면체의 관계를 알 수 있습니다.
– 직육면체의 성질을 알 수 있습니다.
– 직육면체의 겨냥도를 그릴 수 있습니다.
– 직육면체의 전개도를 그릴 수 있습니다.

● **지도 내용**
– 여러 가지 상자 모양을 관찰하여 면, 모서리, 꼭짓점을 알아봅니다.
– 직육면체 모양의 상자의 본을 뜨는 활동을 통해 직육면체를 알아봅니다.
– 직육면체와 정육면체의 특징을 알고 직육면체와 정육면체의 관계를 알아봅니다.
– 직육면체에서 마주 보는 면끼리 계속 늘여도 만나지 않는다는 것을 알고, 면의 평행과 밑면을 이해하여 서로 평행한 면을 찾아봅니다.
– 직육면체에서 서로 만나는 두 면 사이의 각은 모서리가 만나서 이루는 각과 같음을 알게 하고 서로 만나는 두 면은 서로 수직임을 알아봅니다.
– 직육면체에서 평행한 면과 수직인 면을 찾아봅니다.
– 직육면체의 겨냥도를 그리는 방법을 알고, 빠진 부분을 그려 넣어 겨냥도를 완성해 봅니다.
– 직육면체의 전개도를 그리는 방법을 알고, 빠진 부분을 그려 넣어 전개도를 완성해 봅니다.
– 직육면체의 전개도를 그릴 때 접는 부분은 점선으로 나타내고, 자르는 부분은 실선으로 나타내어 봅니다.
– 직육면체의 전개도를 보고, 평행한 면과 수직인 면을 알아봅니다.

● **지도 요점**
여러 가지 물체의 분류 활동을 통하여 직육면체를 알고, 직육면체의 면, 모서리, 꼭짓점을 이해하게 합니다. 또한 주사위를 이용하여 정육면체를 알게 하고, 직육면체와 정육면체의 관계를 알아봅니다. 직육면체와 정육면체의 구성 요소를 알고, 여러 가지 성질을 찾도록 합니다. 면의 평행과 수직을 이해하게 하고, 직육면체에서 평행한 면과 수직인 면을 찾게 합니다. 직육면체와 정육면체의 겨냥도와 전개도를 이해하고 그릴 수 있으며, 전개도에서 평행한 면과 수직인 면을 찾아보게 합니다.

★ 이름 :

★ 날짜 :

★ 시간 :   시   분 ~   시   분

확인

◆ 면, 모서리, 꼭짓점 ◆

그림과 같이 평면도형으로 둘러싸인 부분을 면이라 하고, 면과 면이 만나는 선분을 모서리라고 합니다. 또, 모서리와 모서리가 만나는 점을 꼭짓점이라고 합니다.

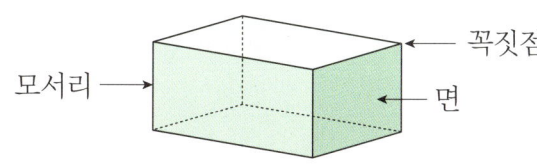

1 오른쪽 그림을 보고 ☐ 안에 알맞은 말을 써넣으시오.

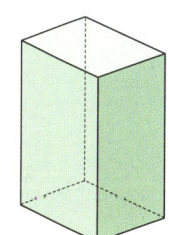

(1) 평면도형으로 둘러싸인 부분을 ☐ 이라고 합니다.

(2) 면과 면이 만나는 선분을 ☐ 라고 합니다.

(3) 모서리와 모서리가 만나는 점을 ☐ 이라고 합니다.

2 입체도형에서 평면도형으로 둘러싸인 부분 중 1개만 색칠하려고 합니다. 바르게 색칠한 것을 찾아 기호를 쓰시오.

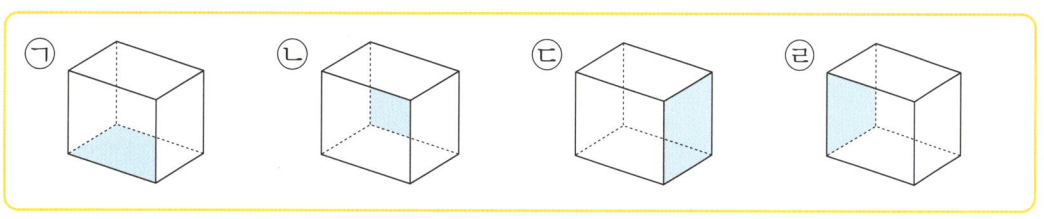

[답]

사고력 학습

3 도형에서 모서리를 모두 찾아 쓰시오.

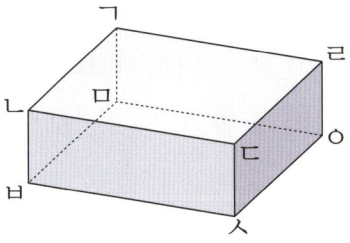

[답]

4 도형에서 꼭짓점을 빨간색으로 나타내시오.

(1) 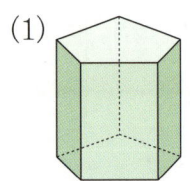   (2)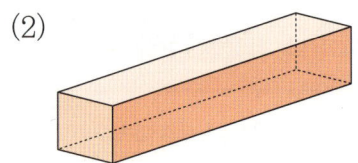

5 오른쪽 그림을 보고 물음에 답하시오.

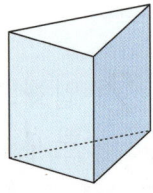

(1) 입체도형에서 면은 모두 몇 개입니까?

[답]

(2) 입체도형에서 모서리는 모두 몇 개입니까?

[답]

(3) 입체도형에서 꼭짓점은 모두 몇 개입니까?

[답]

 사고력 학습

확인

★ 이름 :

★ 날짜 :

★ 시간 : 시 분 ~ 시 분

◆ **직육면체와 정육면체(1)** ◆

왼쪽 그림과 같이 직사각형 모양의 면 **6**개로 둘러싸인 도형을 직육면체라 하고, 오른쪽 그림과 같이 정사각형 모양의 면 **6**개로 둘러싸인 도형을 정육면체라고 합니다.

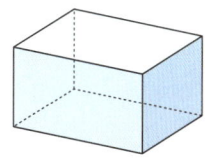 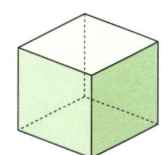

1 직사각형으로 둘러싸인 도형에 ○표 하시오.

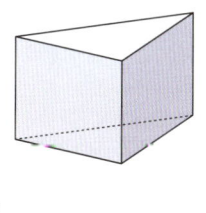

(   )   (   )   (   )

2 정육면체를 모두 찾아 기호를 쓰시오.

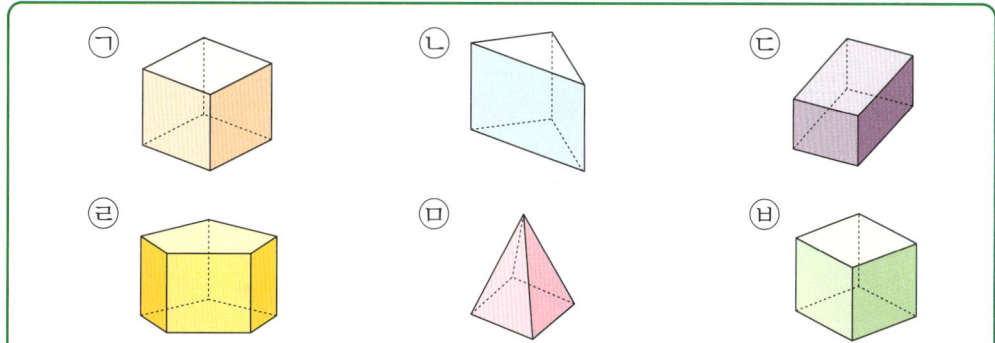

[답]

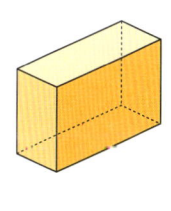

3 직육면체의 면이 될 수 있는 도형을 모두 찾아 기호를 쓰시오.

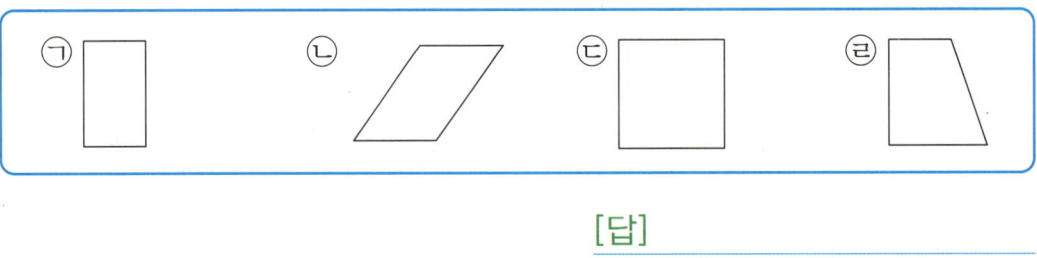

[답] _____

4 직육면체의 각 면을 본 뜬 모양으로 옳은 것을 찾아 기호를 쓰시오.

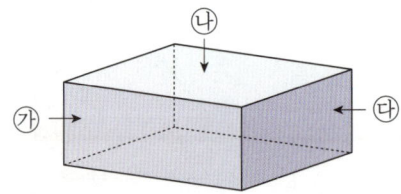

	면 ㉮를 본 뜬 모양	면 ㉯를 본 뜬 모양	면 ㉰를 본 뜬 모양
㉠			
㉡			
㉢			

[답] _____

★ 이름 :

★ 날짜 :

★ 시간 :　　　시　　　분 ~　　　시　　　분

확인

◆ **직육면체와 정육면체(2)** ◆

1 직육면체와 정육면체를 보고 표를 완성하시오.

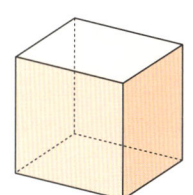　　　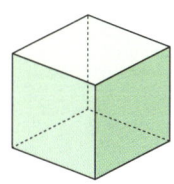

	직육면체	정육면체
면의 수(개)		
모서리의 수(개)		
꼭짓점의 수(개)		
면의 모양		

2 다음 설명 중 옳은 것은 ○표, 틀린 것은 ×표 하시오.

(1) 직육면체의 모서리의 길이는 모두 같습니다. 　　　　　　　(　　　)

(2) 직육면체는 면의 크기와 모양이 모두 같습니다. 　　　　　　(　　　)

(3) 정육면체는 모든 면이 정사각형입니다. 　　　　　　　　　(　　　)

3 직육면체는 정육면체라고 할 수 없습니다. 그 이유를 쓰시오.

[답]

4 다음 그림과 같은 도형의 이름을 쓰시오.

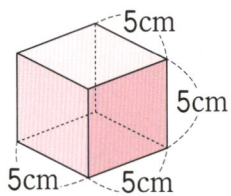

[답] _____

5 직육면체에서 모서리 ㄱㄴ과 길이가 같은 모서리를 모두 찾아 쓰시오.

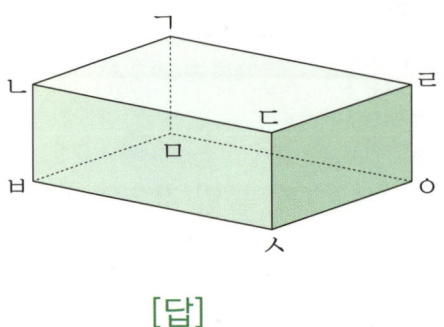

[답] _____

6 오른쪽 정육면체에서 모서리 ㉮와 길이가 같은 모서리는 ㉮를 제외하고 몇 개입니까?

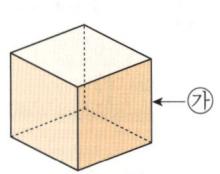

[답] _____

✿ 이름 :

✿ 날짜 :

✿ 시간 : 시   분 ~   시   분

확인

◆ **직육면체와 정육면체(3)** ◆

🐸 직육면체를 보고 □ 안에 알맞은 수를 써넣으시오. [1~2]

1

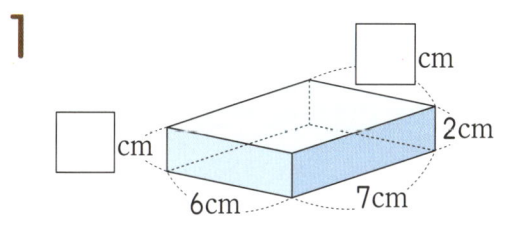

2

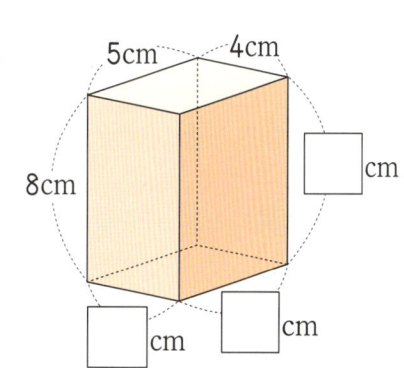

3 직육면체에서 색칠한 면의 둘레는 몇 cm입니까?

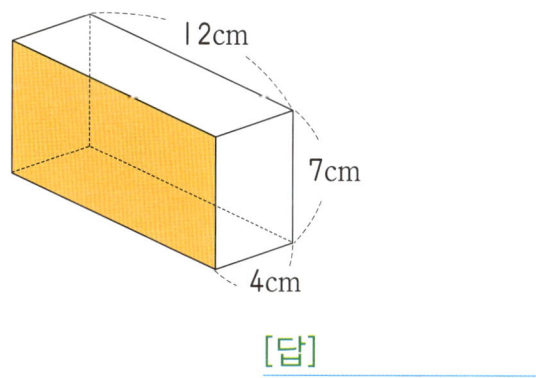

[답]

4 오른쪽 정육면체를 보고 물음에 답하시오.

(1) □ 안에 알맞은 수를 써넣으시오.

(2) 면 ㉮의 넓이는 몇 cm²입니까?

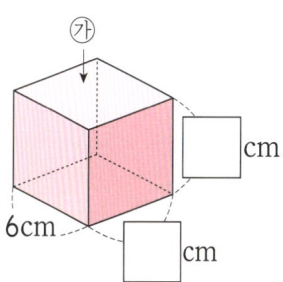

[답]

사고력 학습

🐸 정육면체의 모든 모서리의 길이의 합을 구하시오. [5~6]

5

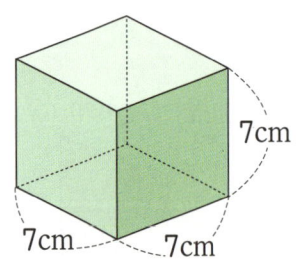

7cm

7cm 7cm

[답] _____

6

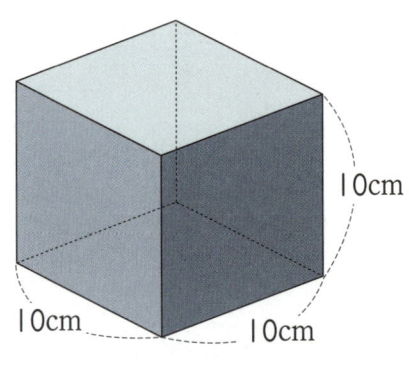

10cm

10cm 10cm

[답] _____

7 직육면체의 모든 모서리의 길이의 합은 120cm입니다. ☐ 안에 알맞은 수를 써넣으시오.

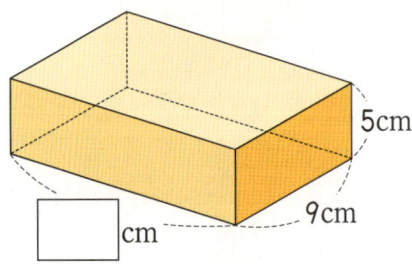

5cm

☐ cm 9cm

8 모든 모서리의 길이의 합이 144cm인 정육면체의 한 모서리는 몇 cm입니까?

[답] _____

♣ 이름 :

♣ 날짜 :

♣ 시간 :　　시　　분 ~　　시　　분

확인

◆ 직육면체의 성질(1) ◆

- 오른쪽 그림과 같이 직육면체에서 색칠한 두 면 처럼 계속 늘여도 만나지 않는 두 면을 서로 평행 하다고 합니다. 이 두 면을 직육면체의 밑면이라 고 합니다.

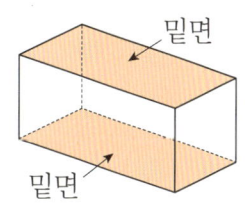

- 오른쪽 그림과 같이 직육면체에서 색칠한 두 면처럼 직각으로 만나는 두 면을 서로 수 직이라 합니다. 직육면체에서 밑면과 수직 인 면을 옆면이라고 합니다.

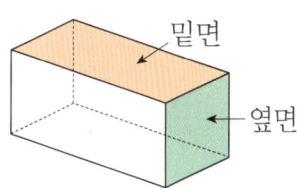

1 오른쪽 직육면체를 보고 물음에 답하시오.

(1) 색칠한 면이 밑면일 때 다른 한 밑면을 찾아 빗금을 그어 보시오.

(2) 직육면체에서 서로 평행한 면이 모두 몇 쌍 있습니까?

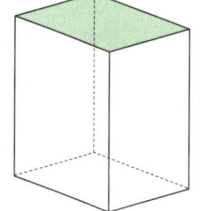

[답]

🐸 직육면체에서 색칠한 면과 평행한 면을 찾아 빗금을 그어 보시오. [2~3]

2

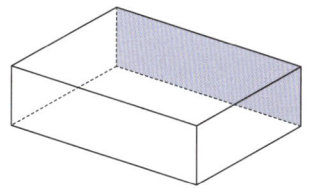

3

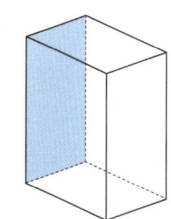

4 오른쪽 직육면체에서 색칠한 두 면이 이루는 각의 크기는 몇 도입니까?

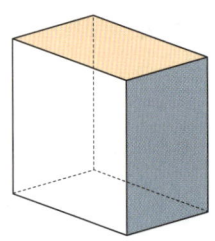

[답] _____

🐸 직육면체에서 색칠한 면이 옆면일 때 밑면을 찾아 빗금을 그어 보시오. [5~6]

5

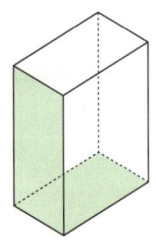

6

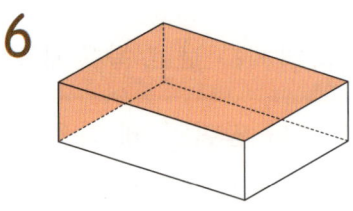

7 직육면체에 대한 설명 중 옳은 것은 ○표, 틀린 것은 ✕표 하시오.

(1) 서로 평행한 두 면을 옆면이라고 합니다. ( )

(2) 직각으로 만나는 두 면을 서로 수직이라고 합니다. ( )

★ 이름 :

★ 날짜 :

★ 시간 :　　시　분 ~ 　시　분

확인

◆ **직육면체의 성질**(2) ◆

1 직육면체에서 면 ㄱㅁㅇㄹ과 평행한 면을 찾아 쓰시오.

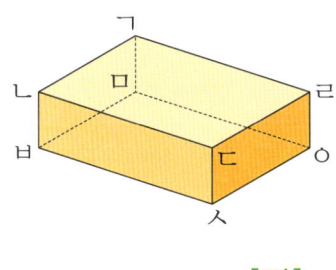

[답]

2 오른쪽 직육면체에서 다음 면을 밑면이라고 할 때 다른 밑면을 찾아 쓰시오.

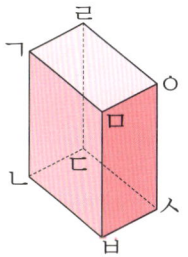

면 ㄱㄴㄷㄹ과 _____

면 ㄴㅂㅅㄷ과 _____

3 직육면체에서 색칠한 면과 직각으로 만나는 면이 아닌 것을 찾아 기호를 쓰시오.

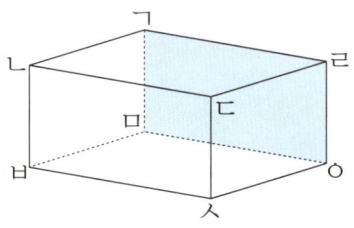

ㄱ 면 ㄱㄴㄷㄹ　　ㄴ 면 ㄴㅂㅅㄷ　　ㄷ 면 ㄷㅅㅇㄹ　　ㄹ 면 ㅁㅂㅅㅇ

[답]

4 직육면체를 보고 물음에 답하시오.

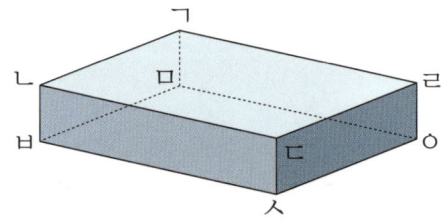

(1) 다음 면과 서로 평행한 면을 찾아 쓰시오.

면 ㄱㅁㅇㄹ과 _____

면 ㄴㅂㅁㄱ과 _____

면 ㅁㅂㅅㅇ과 _____

(2) 다음 면과 수직인 면을 모두 찾아 쓰시오.

면 ㄱㄴㄷㄹ과 _____

면 ㄴㅂㅅㄷ과 _____

면 ㄷㅅㅇㄹ과 _____

5 오른쪽 직육면체에서 면 ㄹㄷㅅㅇ이 옆면일 때 밑면을
찾아 쓰시오.

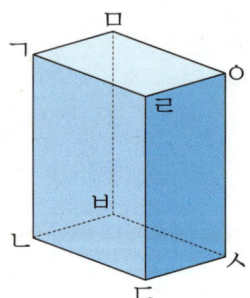

[답] _____

_____

 사고력 학습

🦆

★ 이름 :

★ 날짜 :

★ 시간 : 시 분 ~ 시 분

확인

◆ 직육면체의 성질(3) ◆

🐸 직육면체에서 색칠한 면과 평행한 면의 네 모서리의 길이의 합을 구하시오. [1~2]

1

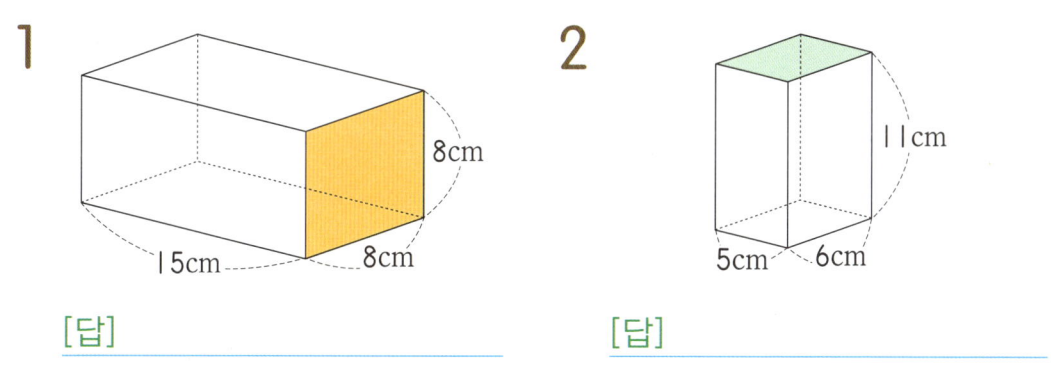

8cm

15cm 8cm

[답]

2

11cm

5cm 6cm

[답]

3 오른쪽 직육면체에서 색칠한 면과 평행한 면의 넓이는 63cm²입니다. 모서리 ㄱㅁ의 길이는 몇 cm입니까?

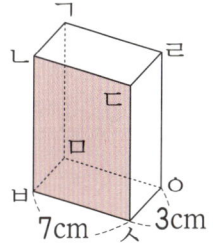

ㄱ ㄹ
ㄴ ㄷ
ㅁ
ㅂ ㅇ
7cm 3cm ㅅ

[답]

4 직육면체에서 면 ㄱㅁㅂㄴ과 수직인 모서리의 길이의 합은 몇 cm입니까?

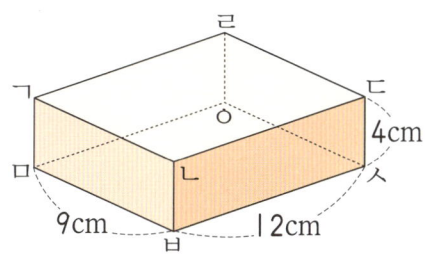

ㄹ
ㄱ ㄷ
ㅇ 4cm
ㅁ ㄴ ㅅ
9cm 12cm
ㅂ

[답]

5 직육면체에서 색칠한 면이 밑면일 때 옆면의 넓이는 모두 몇 cm²입니까?

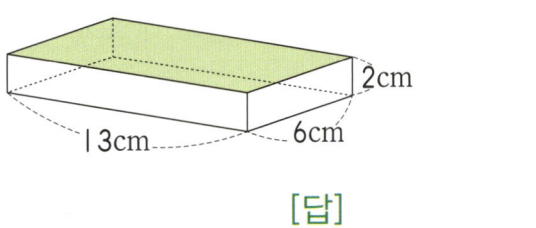

[답]

6 오른쪽 정육면체에서 색칠한 면과 평행한 면의 넓이는 49cm²입니다. 이 정육면체의 한 모서리는 몇 cm입니까?

[답]

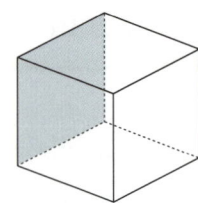

7 한 모서리가 5cm인 정육면체가 있습니다. 이 정육면체의 한 밑면에 수직인 모서리의 길이의 합은 몇 cm입니까?

[답]

★ 이름 :

★ 날짜 :

★ 시간 :　　　　시　　분 ~　　시　　분

확인

◆ **직육면체의 겨냥도(1)** ◆

직육면체의 모양을 잘 알 수 있도록 하기 위하여 보이는 모서리는 실선으로 그리고, 보이지 않는 모서리는 점선으로 그린 것입니다. 이와 같은 그림을 직육면체의 겨냥도라고 합니다.

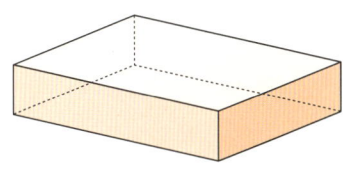

🐸 다음은 직육면체의 겨냥도에 대한 설명입니다. ☐ 안에 알맞은 수나 말을 써넣으시오. [1~5]

1 직육면체의 겨냥도를 그릴 때, 평행한 모서리는 ☐ 이 되게 그립니다.

2 직육면체의 겨냥도를 그릴 때, 보이지 않는 모서리는 ☐ 으로 그립니다.

3 직육면체의 겨냥도를 그릴 때, 보이는 모서리는 ☐ 으로 그립니다.

4 직육면체의 겨냥도에서 보이지 않는 면은 모두 ☐ 개입니다.

5 직육면체의 겨냥도에서 보이는 모서리는 모두 ☐ 개입니다.

6 오른쪽 직육면체를 보고 물음에 답하시오.

(1) 보이지 않는 꼭짓점을 찾아 쓰시오.

[답]

(2) 보이는 면을 모두 찾아 쓰시오.

[답]

(3) 보이지 않는 모서리를 모두 찾아 쓰시오.

[답]

7 직육면체의 겨냥도를 바르게 그린 것을 찾아 기호를 쓰시오.

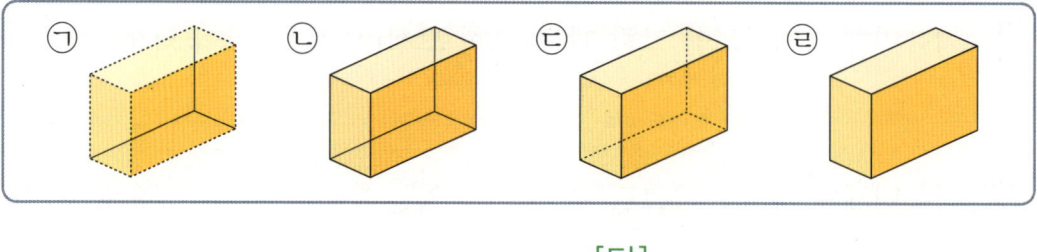

[답]

8 다음은 직육면체의 겨냥도를 잘못 그린 것입니다. 잘못 그린 부분을 찾아 ○ 표 하고, 그 이유를 쓰시오.

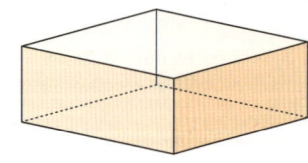

[답]

★ 이름 :

★ 날짜 :

★ 시간 :　시　분 ~　시　분

확인

◆ **직육면체의 겨냥도(2)** ◆

🐸　그림에서 빠진 부분을 그려 넣어 직육면체의 겨냥도를 완성하시오. [1~4]

1

2

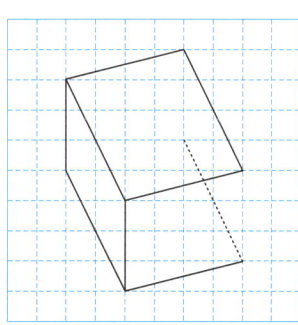

3

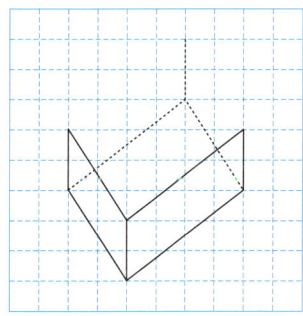

4

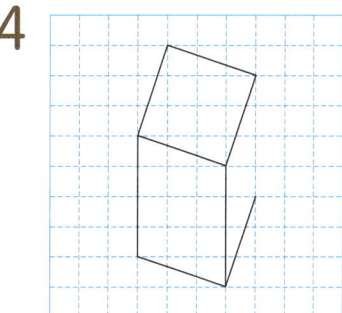

5 다음 상자를 보고 겨냥도를 그리시오.

6 직육면체를 보고 물음에 답하시오.

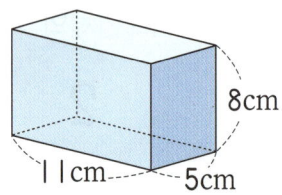

(1) 보이지 않는 면의 넓이의 합은 몇 cm²입니까?

[답] _____

(2) 보이는 모서리의 길이의 합은 몇 cm입니까?

[답] _____

7 오른쪽 직육면체의 모든 모서리의 길이의 합은 76cm입니다. 보이는 면의 넓이의 합은 몇 cm²입니까?

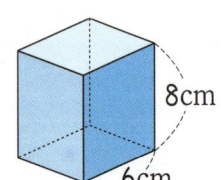

[답] _____

8 보이지 않는 모서리의 길이의 합이 27cm인 정육면체가 있습니다. 이 정육면체의 모든 모서리의 길이의 합은 몇 cm입니까?

[답] _____

사고력 학습

확인

★ 이름 :

★ 날짜 :

★ 시간 :　　시　분 ~　　시　분

◆ 직육면체의 전개도(1) ◆

그림은 직육면체를 펼쳐서 잘리지 않은 모서리는 점선, 잘린 모서리는 실선으로 나타낸 것입니다. 이와 같이 직육면체를 펼쳐서 평면에 그린 그림을 직육면체의 전개도라고 합니다.

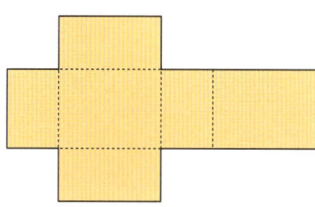

😊 직육면체의 전개도에는 ○표, 전개도가 아닌 것은 ×표 하시오. [1~4]

1

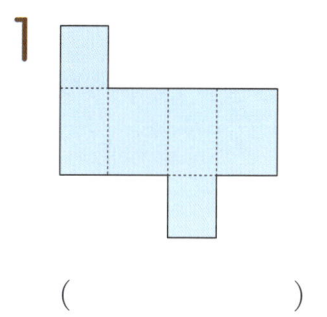

(　　　　　　)

2

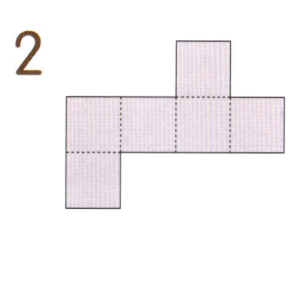

(　　　　　　)

3

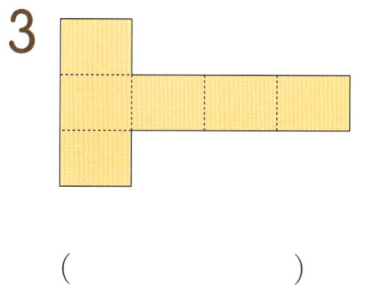

(　　　　　　)

4

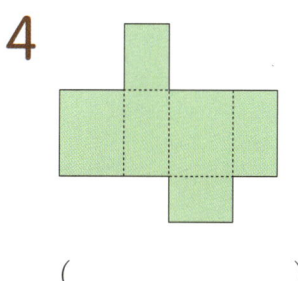

(　　　　　　)

5 직육면체의 전개도를 완성하시오.

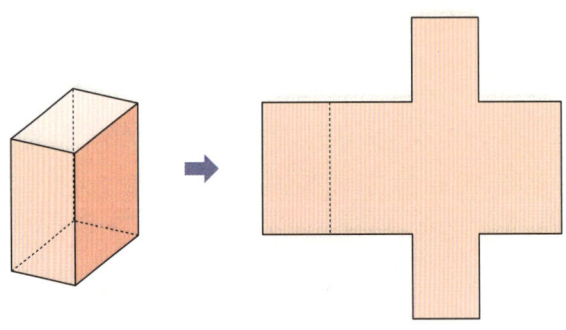

🐸 직육면체의 전개도를 그리려고 합니다. 전개도를 완성하시오. [6~7]

6

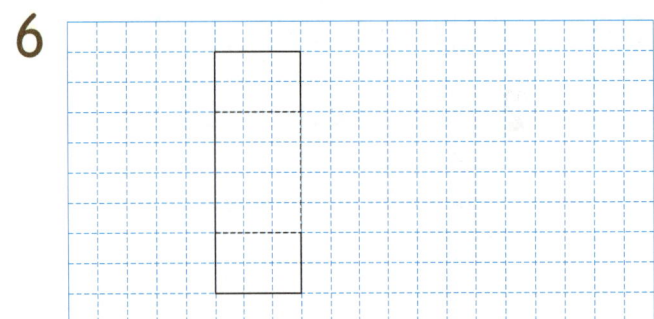

7

🌸 이름 :

🌸 날짜 :

🌸 시간 : 시 분 ~ 시 분

확인

◆ **직육면체의 전개도(2)** ◆

1 직육면체에서 색칠한 면을 밑면이라고 할 때, 옆면을 찾아 전개도에 빗금을 그어 보시오.

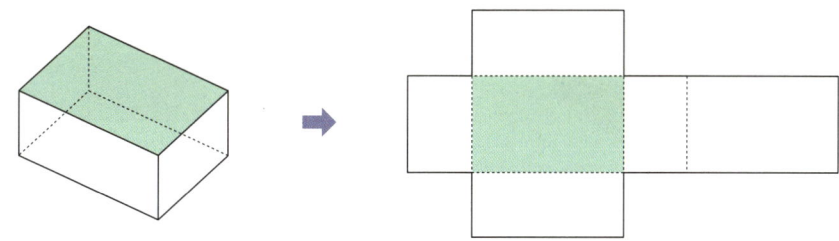

2 정육면체의 색칠한 면과 평행한 면을 찾아 전개도에 색칠하시오.

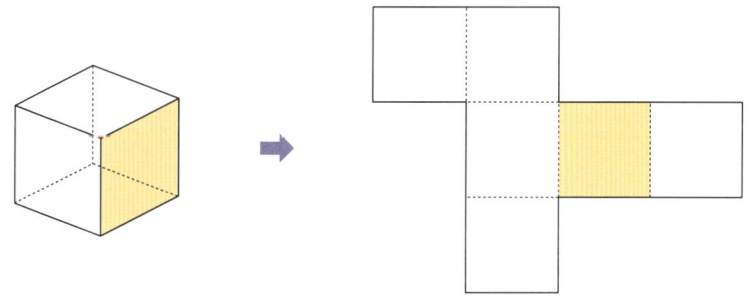

3 오른쪽 전개도를 이용하여 직육면체를 만들려고 합니다. 물음에 답하시오.

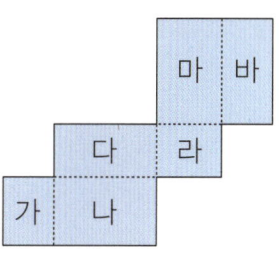

(1) 면 가와 평행한 면을 찾아 쓰시오.

[답] _____

(2) 면 다와 수직인 면을 모두 찾아 쓰시오.

[답] _____

4 직육면체를 보고 전개도의 □ 안에 알맞은 기호를 써넣으시오.

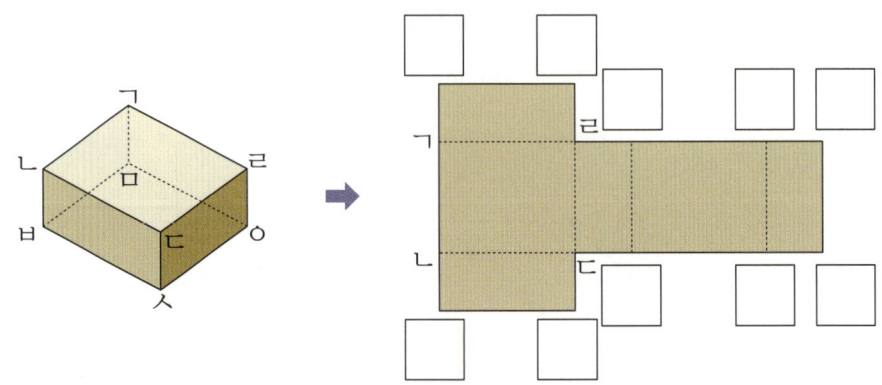

5 다음 전개도를 이용하여 직육면체를 만들려고 합니다. 물음에 답하시오.

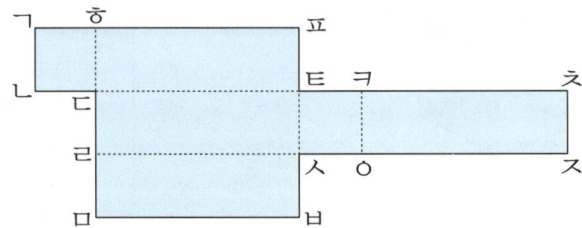

(1) 선분 ㄱㄴ과 맞닿는 선분은 어느 것입니까?

[답] _____

(2) 선분 ㅁㅂ과 맞닿는 선분은 어느 것입니까?

[답] _____

(3) 점 ㅊ과 만나는 점은 어느 것입니까?

[답] _____

★ 이름 :

★ 날짜 :

★ 시간 :　　　시　　　분 ~　　　시　　　분

확인

◆ **직육면체의 전개도(3)** ◆

1 직육면체의 전개도입니다. □ 안에 알맞은 수를 써넣으시오.

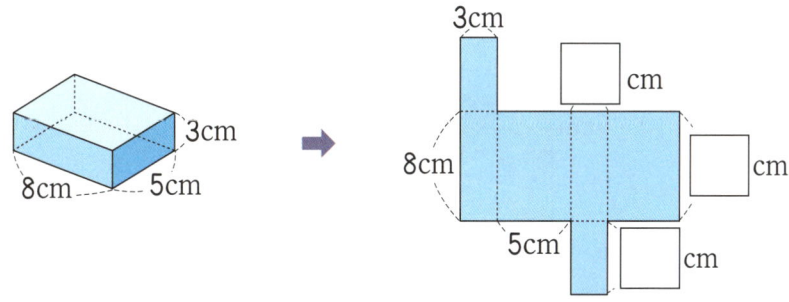

2 오른쪽 직육면체의 전개도의 둘레는 몇 cm입니까?

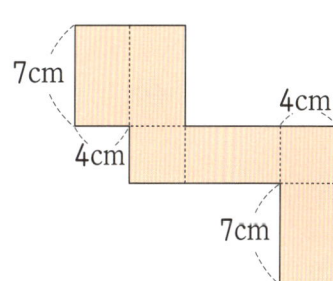

[답]

3 직육면체의 전개도에서 직사각형 ㅌㅁㅂㅋ의 넓이는 몇 cm²입니까?

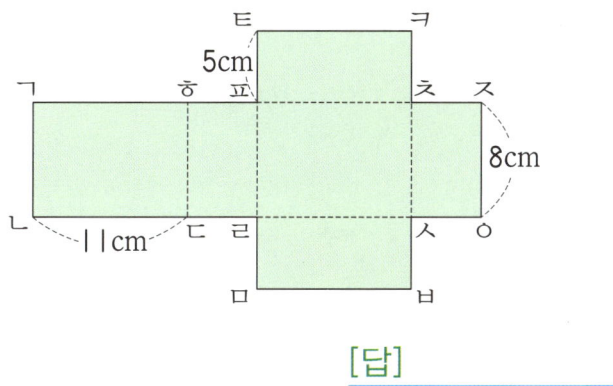

[답]

4 직육면체의 전개도를 보고 물음에 답하시오.

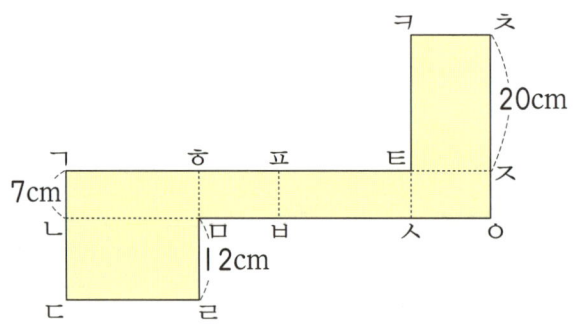

(1) 선분 ㄱㅎ과 길이가 같은 것은 선분 ㄱㅎ을 포함하여 모두 몇 개입니까?

[답]

(2) 길이가 7cm인 선분을 모두 찾아 쓰시오.

[답]

(3) 전개도를 이용하여 직육면체를 만들었을 때, 면 ㄴㄷㄹㅁ과 평행한 면의 넓이는 몇 cm²입니까?

[답]

5 모눈종이에 그림과 같은 직육면체의 전개도를 그리시오.

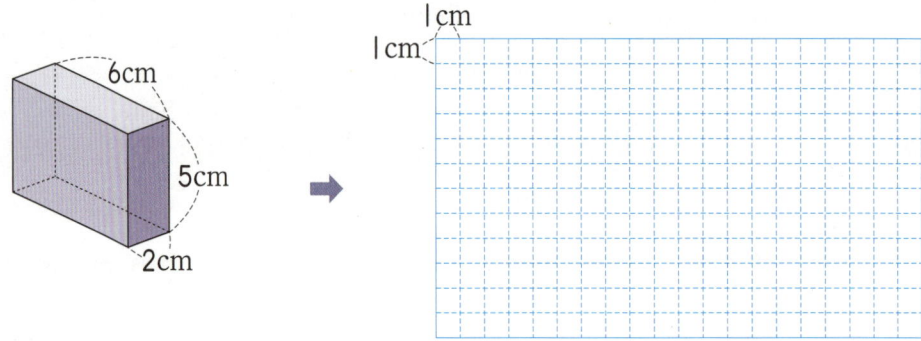

 이름 :
날짜 :
시간 :　　시　　분 ~ 　　시　　분

확인

🌐 창의력 학습

은진이는 수학 시간에 선생님이 내주신 과제물로 정육면체 모양의 상자를 만들었습니다. 상자를 다 만들고 잠시 자리를 비운 사이에 동생이 3개의 면에 다음과 같이 낙서를 해 놓았습니다. 낙서가 된 상자의 전개도를 그리고, 그 위에 동생이 낙서한 것을 표시하시오.

주승이는 자를 사용하여 모눈종이 위에 직육면체의 전개도를 그렸습니다. 그린 전개도를 오려서 직육면체를 만들려고 했더니 잘되지 않았습니다. 무엇이 잘못되었는지 다음 그림을 보고 주승이가 그린 전개도를 바르게 고치시오.

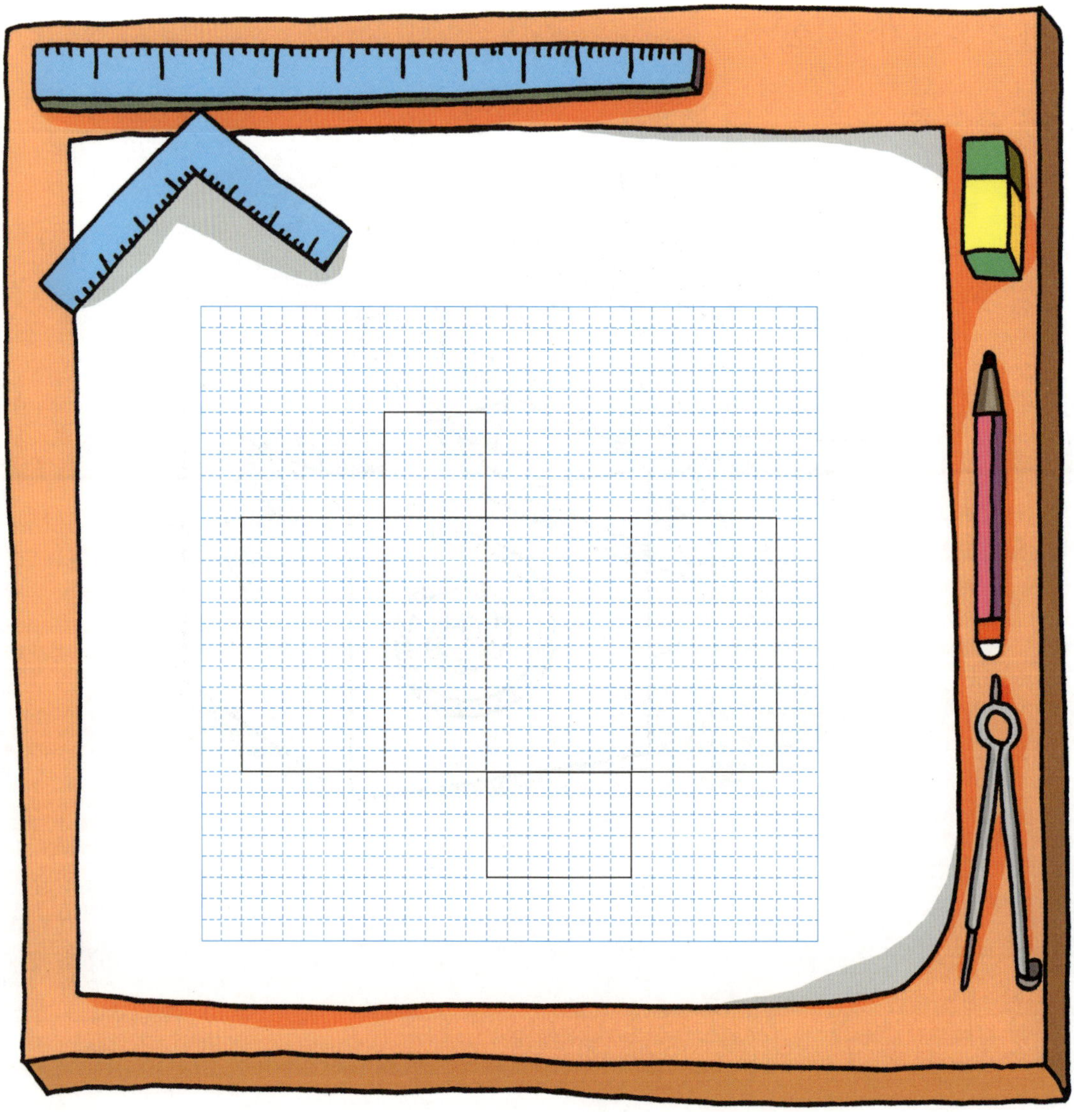

 경시대회 예상문제

1 두 옆면의 모양이 다음과 같은 직육면체가 있습니다. 이 직육면체의 한 밑면의 넓이는 몇 cm²입니까?

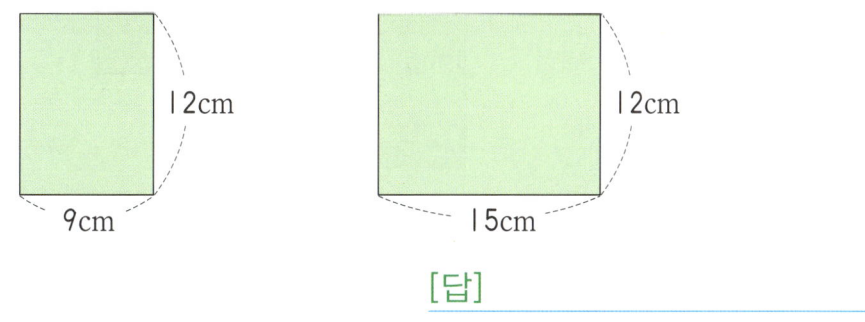

12cm
9cm

12cm
15cm

[답]

2 다음 전개도를 이용하여 만든 직육면체의 모든 모서리의 길이의 합은 몇 cm입니까?

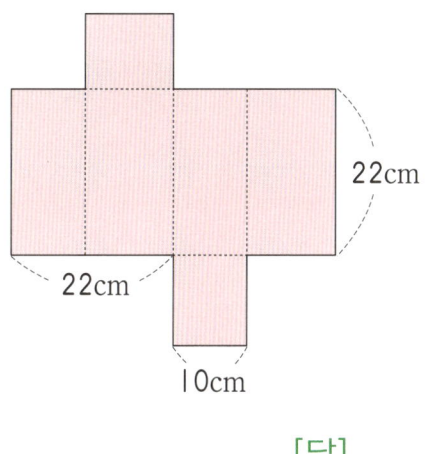

22cm
22cm
10cm

[답]

3 다음은 직육면체의 전개도입니다. 점 ㄱ과 만나는 점에 모두 ●표 하시오.

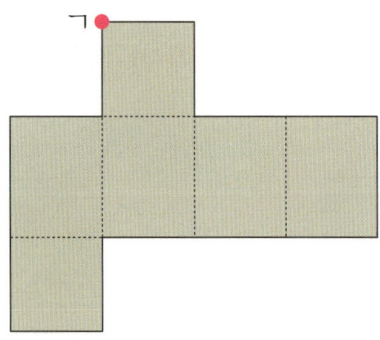

4 다음 정육면체의 겨냥도와 전개도를 보고 물음에 답하시오.

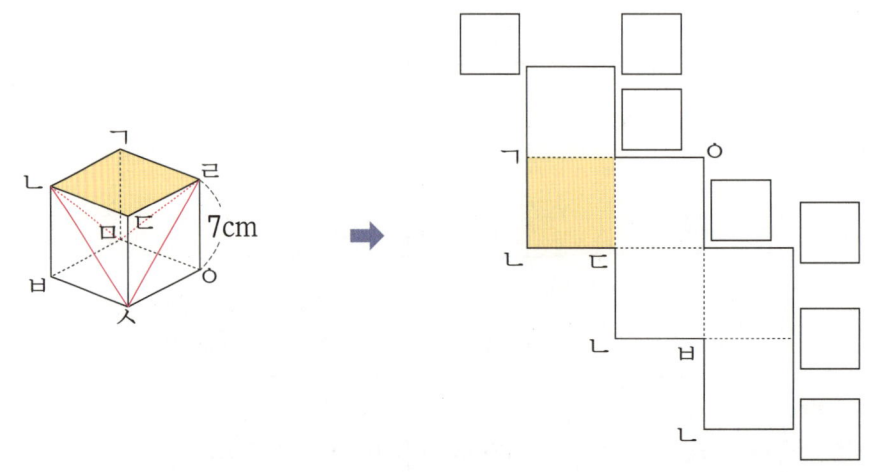

(1) 색칠한 면과 평행한 면을 전개도에서 찾아 색칠하시오.

(2) ☐ 안에 알맞은 꼭짓점의 기호를 써넣으시오.

(3) 전개도에 빨간선이 지나간 자리를 표시하시오.

🐸 주사위의 전개도를 여러 가지 방법으로 그린 것입니다. 주사위의 평행한 두 면의 눈의 합이 7이 되도록 전개도에 눈을 그려 넣으시오.

[5~8]

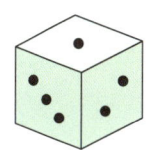

5

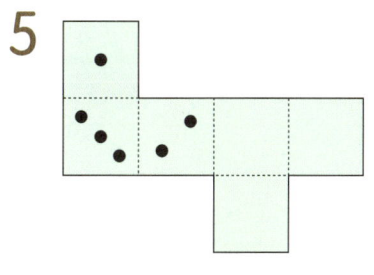

6

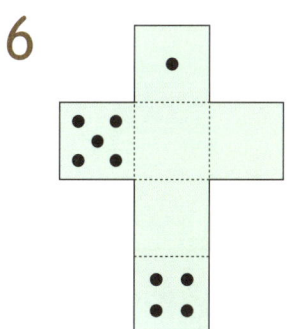

7

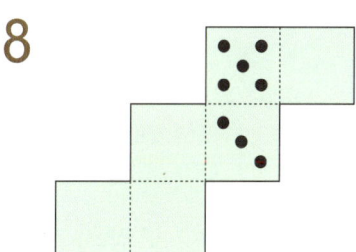

8

9 다음 그림은 각 면에서 서로 다른 색깔이 색칠된 정육면체 모양의 상자를 세 방향에서 본 것입니다. 파랑이 색칠된 면과 평행한 면에 색칠된 색깔은 무엇입니까?

[답] _____

10 다음 그림은 어느 정육면체의 전개도인지 찾아 기호를 쓰시오.

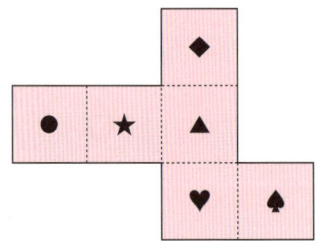

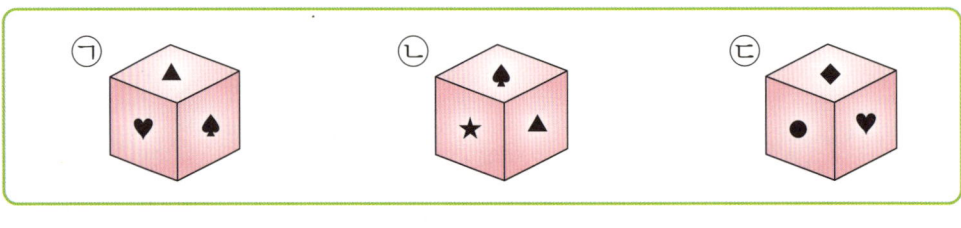

[답]

서술형·논술형

11 다음과 같이 직육면체 모양의 상자에 리본을 둘렀습니다. 매듭은 없을 때, 상자를 두른 리본은 몇 cm인지 풀이 과정을 쓰고 답을 구하시오.

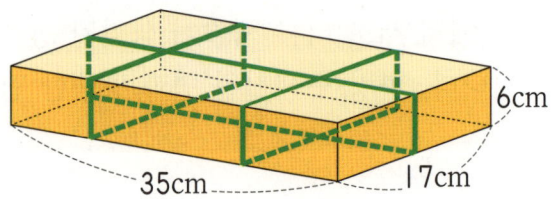

[답]

사고력도 탄탄! 창의력도 탄탄!
기탄사고력수학

12

1106a ~ 1120b

학습 관리표

학습 내용	이번 주는?
확인 학습 · 분수의 곱셈 · 도형의 합동 · 직육면체와 정육면체 · 창의력 학습 · 경시대회 예상문제 · 성취도 테스트	· 학습 방법 : ① 매일매일　② 가끔　③ 한꺼번에 　하였습니다. · 학습 태도 : ① 스스로 잘　② 시켜서 억지로 　하였습니다. · 학습 흥미 : ① 재미있게　② 싫증내며 　하였습니다. · 교재 내용 : ① 적합하다고　② 어렵다고　③ 쉽다고 　하였습니다.
지도 교사가 부모님께	**부모님이 지도 교사께**

평가	Ⓐ 아주 잘함	Ⓑ 잘함	Ⓒ 보통	Ⓓ 부족함

원(교)　　　　반　　이름　　　　　　전화

기초부터 튼튼하게
기탄교육
www.gitan.co.kr / (02)586-1007(대)

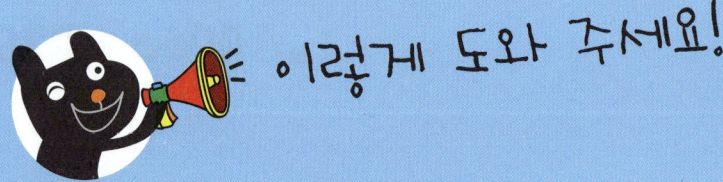

이렇게 도와 주세요!

● **학습 목표**
– 분수와 자연수의 곱셈, 진분수의 곱셈, 대분수의 곱셈, 세 분수의 곱셈을 할 수 있습니다.
– 합동인 두 도형에서 대응점, 대응변, 대응각을 이해하고 그 성질을 알 수 있습니다.
– 합동인 삼각형을 그리는 방법을 이해하고 그릴 수 있습니다.
– 직육면체의 특징을 파악하고 면, 모서리, 꼭짓점을 찾을 수 있습니다.
– 직육면체의 겨냥도와 전개도를 이해하고 그릴 수 있습니다.

● **지도 내용**
– 분수와 자연수의 곱셈, 진분수끼리의 곱셈, 대분수끼리의 곱셈, 세 분수의 곱셈 방법을 알고 여러 가지 방법으로 계산해 봅니다.
– 합동인 두 도형에서 완전히 겹쳐지는 점, 변, 각을 찾아보고 대응점, 대응변, 대응각을 이해합니다.
– 세 변의 길이, 두 변과 그 사이에 있는 각의 크기, 한 변과 그 양 끝 각의 크기를 알 때 합동인 삼각형을 그려 봅니다.
– 직육면체의 모서리의 길이를 재어서 길이가 같은 모서리를 찾아봅니다.
– 직육면체에서 평행한 면과 수직인 면을 찾아봅니다.
– 직육면체의 겨냥도를 그리는 방법을 알고, 빠진 부분을 그려 넣어 겨냥도를 완성해 봅니다.
– 직육면체의 전개도를 그리는 방법을 알고, 빠진 부분을 그려 넣어 전개도를 완성해 봅니다.

● **지도 요점**
앞에서 학습한 분수의 곱셈, 도형의 합동, 직육면체와 정육면체를 확인 학습하는 주입니다. 여러 유형의 문제를 접해 보게 함으로써 학습한 지식을 잘 응용할 수 있도록 지도해 주십시오. 그리고 성취도 테스트를 이용해서 주어진 시간 내에 모든 문제를 푸는 연습을 하도록 해 주십시오.

★ 이름 :

★ 날짜 :

★ 시간 :　　시　　분～　시　　분

확인

◆ 분수의 곱셈 ◆

 □ 안에 알맞은 수를 써넣으시오. [1~2]

1 $\dfrac{3}{4} \times 10 = \dfrac{3 \times \boxed{}}{4} = \dfrac{\boxed{}}{2} = \boxed{}\dfrac{\boxed{}}{\boxed{}}$

2 $1\dfrac{2}{15} \times 9 = \dfrac{\boxed{}}{15} \times 9 = \dfrac{\boxed{} \times 9}{15} = \dfrac{\boxed{}}{5} = \boxed{}\dfrac{\boxed{}}{\boxed{}}$

다음을 계산하시오. [3~6]

3 $25 \times \dfrac{7}{10}$

4 $1\dfrac{5}{12} \times 8$

5 $16 \times 2\dfrac{3}{20}$

6 $\dfrac{1}{4} \times \dfrac{1}{5}$

확인 학습

7 빈칸에 알맞은 수를 써넣으시오.

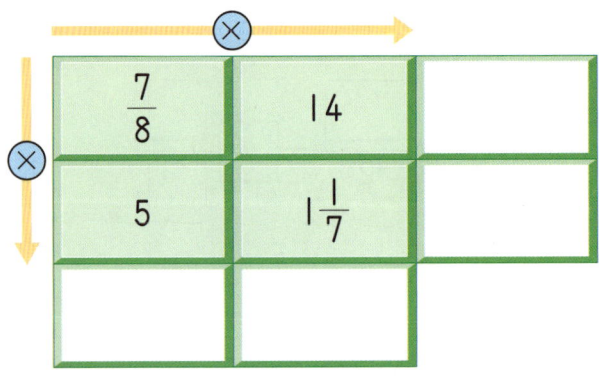

8 계산한 값이 다른 하나를 찾아 기호를 쓰시오.

$$\bigcirc \ \frac{1}{2} \times \frac{1}{18} \qquad \bigcirc \ \frac{1}{5} \times \frac{1}{6} \qquad \bigcirc \ \frac{1}{9} \times \frac{1}{4} \qquad \bigcirc \ \frac{1}{3} \times \frac{1}{12}$$

[답]

9 □ 안에 들어갈 수 있는 자연수를 구하시오.

$$\frac{1}{3} \times \frac{1}{4} < \frac{1}{\square} < \frac{1}{2} \times \frac{1}{5}$$

[답]

10 색칠한 부분의 넓이를 구하시오.

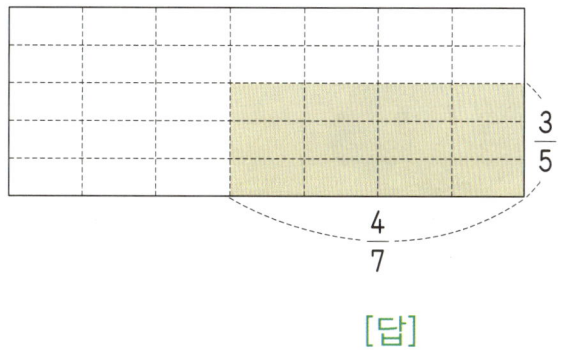

[답]

11 보기 와 같이 계산하시오.

> **보기**
>
> $$\frac{2}{3} \times \frac{3}{4} = \frac{\overset{1}{2} \times \overset{1}{3}}{\underset{1}{3} \times \underset{2}{4}} = \frac{1}{2}$$

$$\frac{5}{6} \times \frac{8}{9}$$

12 □ 안에 알맞은 수를 써넣으시오.

$$2\frac{4}{5} \times 3\frac{1}{8} = \frac{\boxed{}}{5} \times \frac{\boxed{}}{8} = \frac{\boxed{}}{4} = \boxed{}\frac{\boxed{}}{\boxed{}}$$

13 관계있는 것끼리 선으로 이으시오.

$\dfrac{5}{8} \times \dfrac{4}{15}$ ·

$\dfrac{7}{12} \times \dfrac{20}{21}$ ·

· $\dfrac{2}{3}$

· $\dfrac{1}{6}$

· $\dfrac{5}{9}$

14 ○ 안에 >, =, <를 알맞게 써넣으시오.

$$2\dfrac{1}{4} \times 2\dfrac{2}{3} \ \bigcirc \ 1\dfrac{3}{7} \times 3\dfrac{1}{2}$$

15 계산 결과가 작은 것부터 차례로 기호를 쓰시오.

㉠ $15 \times \dfrac{4}{9}$ ㉡ $1\dfrac{3}{5} \times 3\dfrac{3}{4}$ ㉢ $\dfrac{7}{12} \times \dfrac{6}{7}$ ㉣ $1\dfrac{4}{11} \times 3\dfrac{3}{10}$

[답]

16 바르게 계산한 사람은 누구입니까?

진우: $\dfrac{4}{5} \times \dfrac{3}{10} \times 1\dfrac{7}{8} = \dfrac{\overset{1}{\cancel{4}}}{\underset{1}{\cancel{5}}} \times \dfrac{3}{10} \times \dfrac{\overset{3}{\cancel{15}}}{\underset{2}{\cancel{8}}} = \dfrac{9}{20}$

민수: $5\dfrac{1}{4} \times \dfrac{6}{7} \times 2\dfrac{5}{8} = \dfrac{21}{4} \times \dfrac{6}{7} \times \dfrac{21}{8} = \dfrac{\overset{3}{\cancel{21}} \times \overset{3}{\cancel{6}} \times \overset{3}{\cancel{21}}}{\underset{2}{\cancel{4}} \times \underset{1}{\cancel{7}} \times 8} = \dfrac{27}{16} = 1\dfrac{11}{16}$

[답]

17 빈 곳에 알맞은 수를 써넣으시오.

18 ㉮와 ㉯의 차를 구하시오.

㉮ $21 \times \dfrac{6}{7} \times 2\dfrac{1}{3}$ ㉯ $3\dfrac{3}{4} \times 7 \times 2\dfrac{2}{5}$

[답]

19 학생 한 명에게 우유를 $\frac{3}{4}$L씩 나누어 주려고 합니다. 학생 24명에게 나누어 주려면 우유는 모두 몇 L 필요합니까?

[답]

20 정사각형의 둘레는 몇 cm입니까?

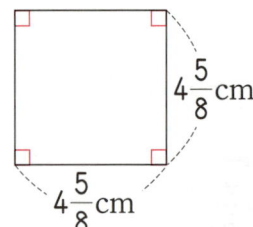

[답]

21 1분에 $2\frac{2}{15}$L의 물이 나오는 수도가 있습니다. 이 수도에서 $\frac{3}{4}$시간 동안 물을 받으려고 합니다. 물을 몇 L 받을 수 있습니까?

[답]

22 세로는 $6\frac{3}{7}$ cm, 가로는 세로의 $1\frac{5}{9}$ 인 직사각형이 있습니다. 이 직사각형의 넓이는 몇 cm²입니까?

[답]

23 어떤 분수에 $\frac{7}{10}$ 을 곱해야 할 것을 잘못하여 더했더니 $1\frac{8}{15}$ 이 되었습니다. 바르게 계산하면 얼마입니까?

[답]

24 경수네 집에서 박물관까지의 거리는 $9\frac{3}{5}$ km입니다. 경수가 집에서 박물관까지 가는데 전체의 $\frac{1}{6}$ 은 걸어서 가고 나머지는 버스를 탔습니다. 버스를 타고 간 거리는 몇 km입니까?

[답]

25 현욱이는 210쪽짜리 동화책을 어제는 전체의 $\frac{2}{7}$를 읽었고, 오늘은 전체의 $\frac{3}{10}$을 읽었습니다. 남은 쪽수는 몇 쪽입니까?

[답]

26 아버지의 몸무게는 82kg이고, 동생은 아버지의 몸무게의 $\frac{1}{3}$, 형은 동생의 몸무게의 $1\frac{3}{4}$입니다. 형의 몸무게는 몇 kg입니까?

[답]

27 명희네 반 학생은 40명입니다. 그중 전체의 $\frac{2}{5}$가 동생이 있고, 동생이 있는 학생의 $\frac{3}{8}$은 여동생이 있습니다. 명희네 반 학생 중에서 남동생이 있는 학생은 몇 명입니까?

[답]

✿ 이름 :

✿ 날짜 :

✿ 시간 :   시   분 ~   시   분

확인

◆ 도형의 합동 ◆

1 합동인 도형끼리 짝지어지지 않은 것을 찾아 기호를 쓰시오.

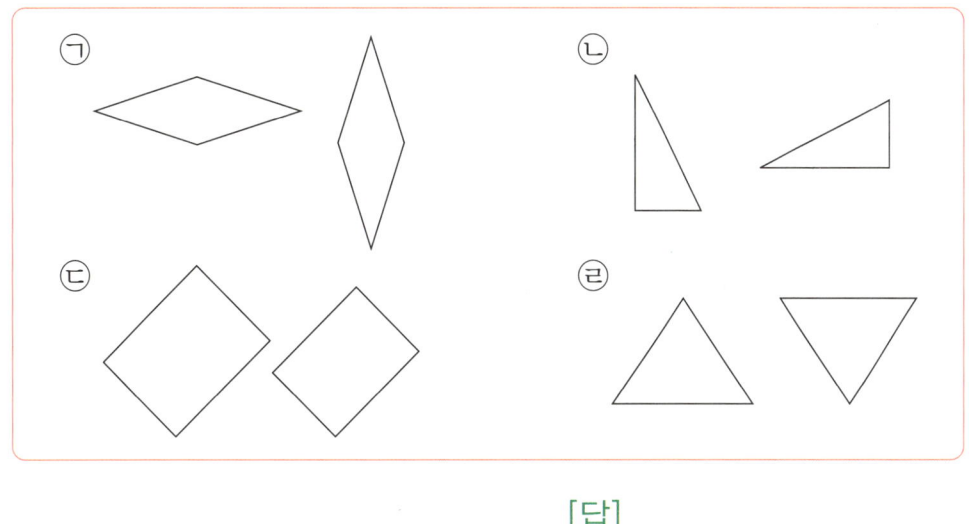

[답] _____

2 보기 도형과 합동인 도형에 ◯표 하시오.

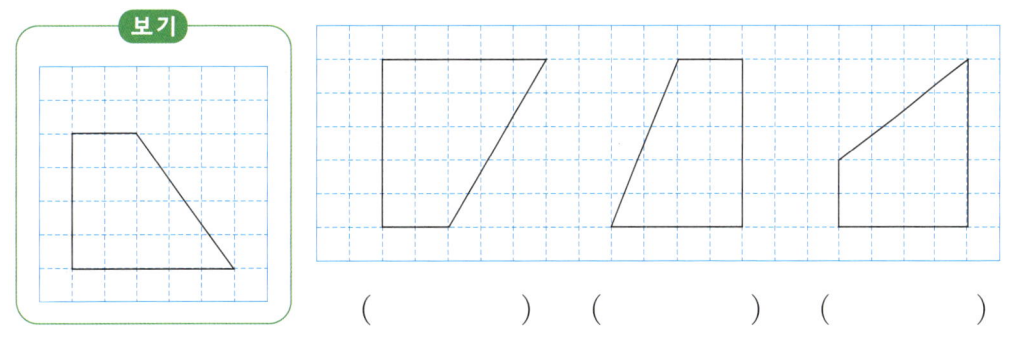

(   )   (   )   (   )

3 합동인 도형을 모두 찾아 쓰시오.

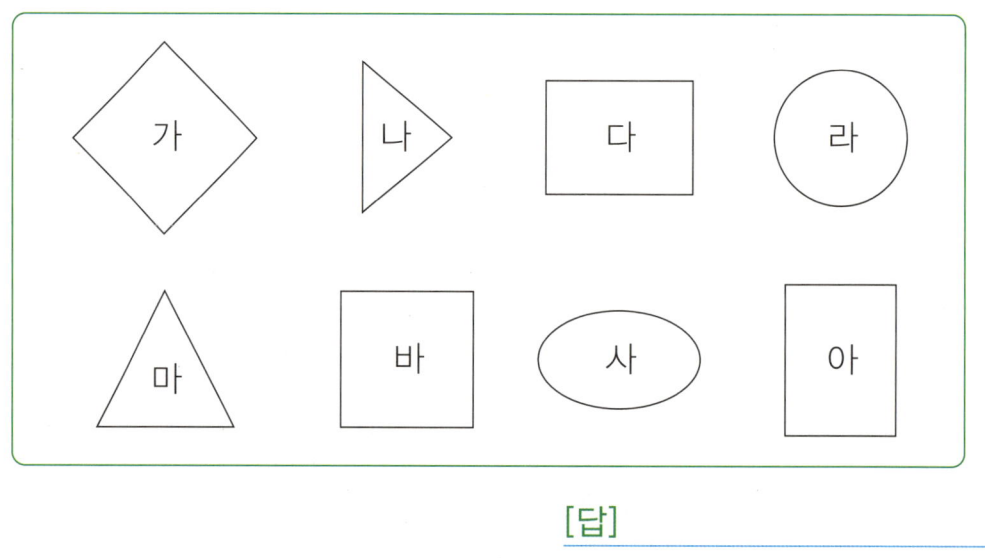

[답] _____

4 오른쪽 도형을 모눈종이에서 한 꼭짓점만 옮겨서 왼쪽 도형과 합동이 되도록 만들어 보시오.

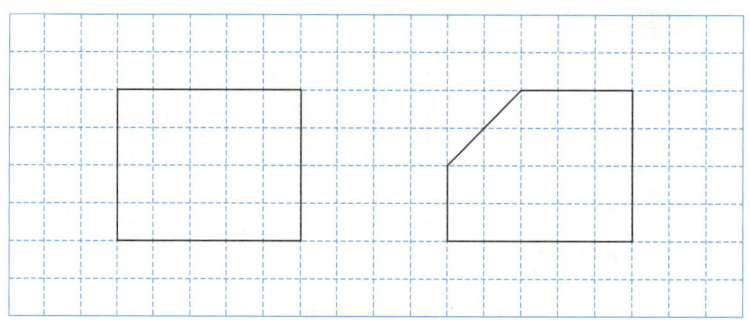

5 두 삼각형은 합동입니다. 물음에 답하시오.

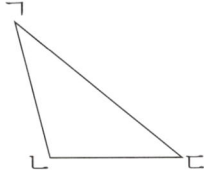 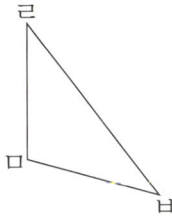

(1) 점 ㄱ의 대응점을 찾아 쓰시오.

[답] _____

(2) 변 ㄹㅂ의 대응변을 찾아 쓰시오.

[답] _____

(3) 각 ㄱㄷㄴ의 대응각을 찾아 쓰시오.

[답] _____

6 두 사각형은 합동입니다. 물음에 답하시오.

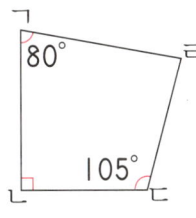 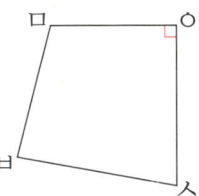

(1) 변 ㅂㅅ의 대응변을 찾아 쓰시오.

[답] _____

(2) 각 ㄹㄷㄴ의 대응각을 찾아 쓰시오.

[답] _____

7 두 삼각형은 합동입니다. ☐ 안에 알맞은 수를 써넣으시오.

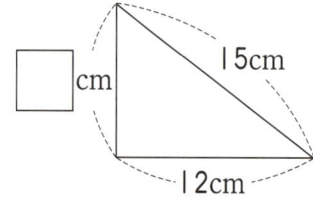
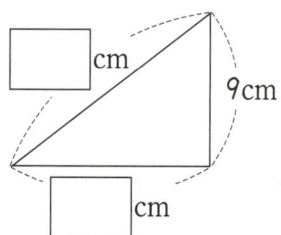

8 두 사각형은 합동입니다. 물음에 답하시오.

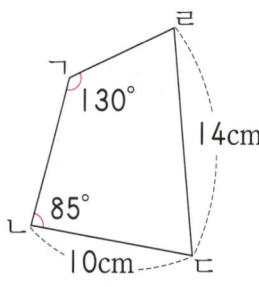
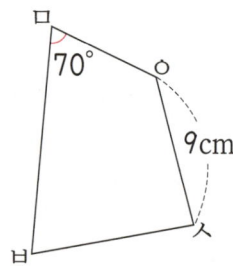

(1) 변 ㅂㅅ의 길이는 몇 cm입니까?

[답]

(2) 사각형 ㄱㄴㄷㄹ의 둘레가 40cm일 때, 변 ㄱㄹ의 길이는 몇 cm입니까?

[답]

(3) 각 ㅁㅂㅅ의 크기는 몇 도입니까?

[답]

9 삼각형 ㄱㄴㄷ과 삼각형 ㄷㄹㄱ은 합동입니다. 평행사변형 ㄱㄴㄷㄹ의 둘레가 70cm일 때, 삼각형 ㄱㄴㄷ의 둘레는 몇 cm입니까?

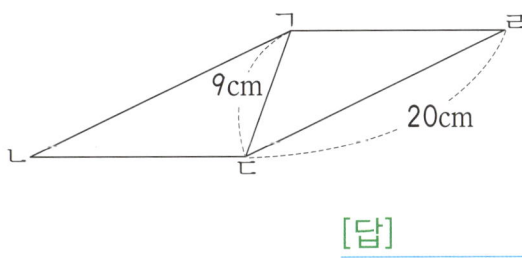

[답]

10 두 직사각형은 합동입니다. 직사각형 ㅁㅂㅅㅇ의 넓이가 126cm²일 때, 선분 ㄱㄴ의 길이는 몇 cm입니까?

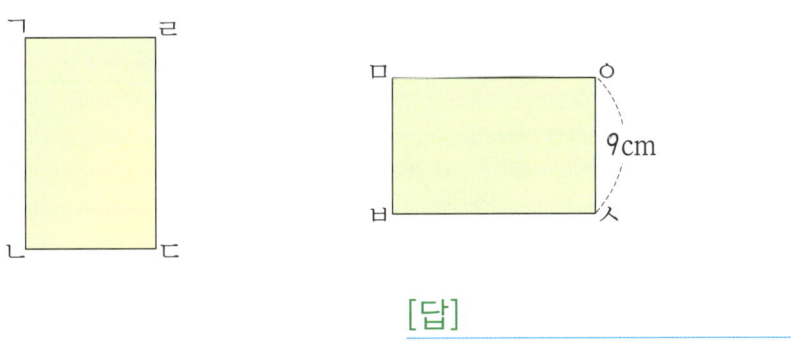

[답]

11 직사각형 ㄱㄴㄷㄹ과 직사각형 ㅁㅂㄷㅅ은 합동입니다. 색칠한 부분의 둘레는 몇 cm입니까?

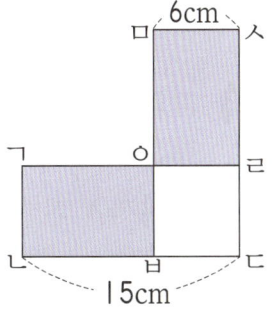

[답]

12 항상 합동인 도형을 모두 찾아 기호를 쓰시오.

> ㉠ 지름이 같은 두 원
> ㉡ 둘레가 같은 두 직사각형
> ㉢ 넓이가 같은 두 정사각형
> ㉣ 둘레가 같은 두 이등변삼각형
> ㉤ 세 각의 크기가 각각 같은 두 삼각형

[답]

13 다음 중 합동인 삼각형을 그릴 수 없는 것을 모두 찾아 기호를 쓰시오.

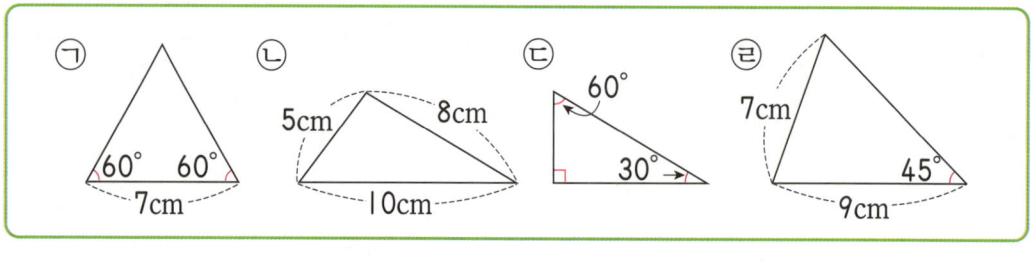

[답]

14 자와 컴퍼스를 사용하여 오른쪽 삼각형과 합동인 삼각형을 그리려고 합니다. 이때 더 알아야 할 조건은 무엇입니까?

[답]

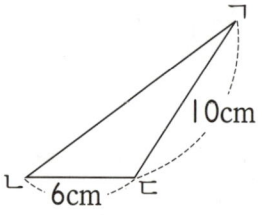

 확인 학습

15 왼쪽 도형과 합동인 도형을 그리시오.

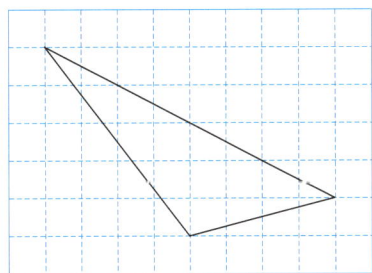

16 자와 컴퍼스를 사용하여 다음 삼각형과 합동인 삼각형을 그리시오.

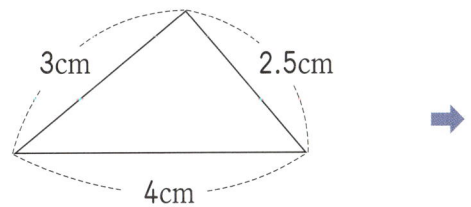

➡

17 한 변이 5cm이고 그 양 끝 각의 크기가 75°, 45°인 삼각형을 그리시오.

18 세 변의 길이가 다음과 같은 삼각형과 합동인 삼각형을 그리려고 합니다. □<23일 때, □ 안에 들어갈 수 있는 가장 작은 자연수를 구하시오.

| 15cm | 23cm | □cm |

[답]

19 다음과 같이 합동인 삼각형 6개를 겹치지 않게 이어 붙였습니다. ㉠의 각도를 구하시오.

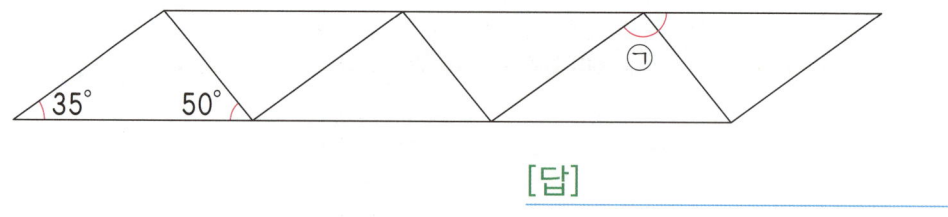

[답]

20 길이가 다음과 같은 선분 6개 중에서 3개를 골라 삼각형을 그리려고 합니다. 그릴 수 있는 삼각형은 모두 몇 가지입니까?

| 2cm | 3cm | 5cm | 6cm | 7cm | 9cm |

[답]

확인 학습

✿ 이름 :

✿ 날짜 :

✿ 시간 :　　시　　분 ~ 　시　　분

확인

◆ **직육면체와 정육면체** ◆

1 그림을 보고 ☐ 안에 알맞은 말을 써넣으시오.

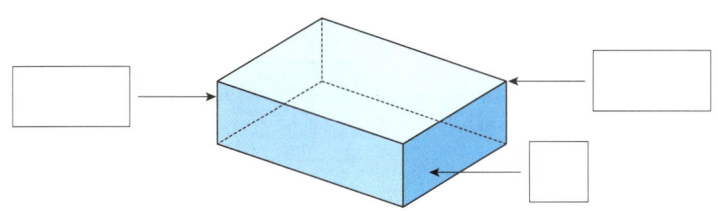

2 직육면체를 찾아 기호를 쓰시오.

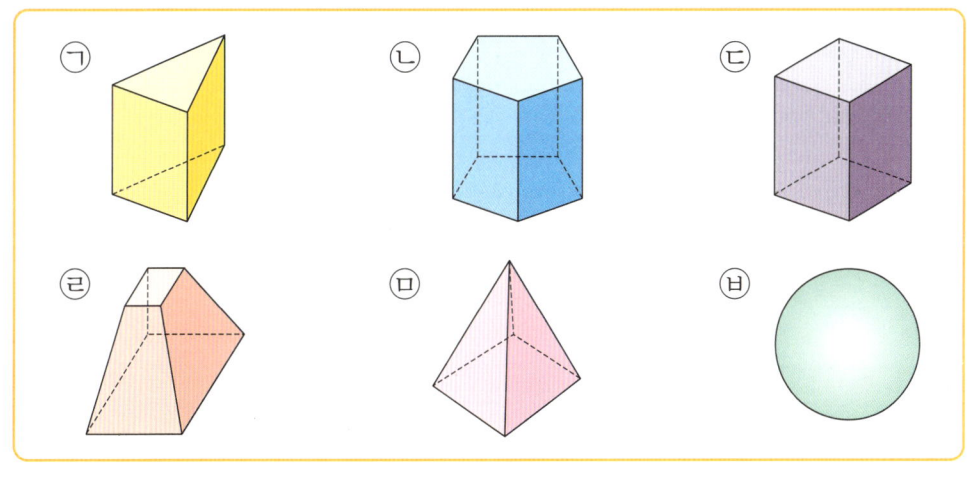

[답]

3 다음 설명 중 옳은 것은 ◯표, 틀린 것은 ✕표 하시오.

(1) 도형의 면과 면이 만나는 선분을 꼭짓점이라고 합니다. 　　(　　　)

(2) 직육면체의 모서리의 수는 12개입니다. 　　(　　　)

(3) 직사각형 모양의 면 6개로 둘러싸인 도형을 정육면체라고 합니다.

(　　　)

확인 학습

4 왼쪽 직육면체의 각 면의 본을 떠서 그릴 수 있는 도형을 찾아 기호를 쓰시오.

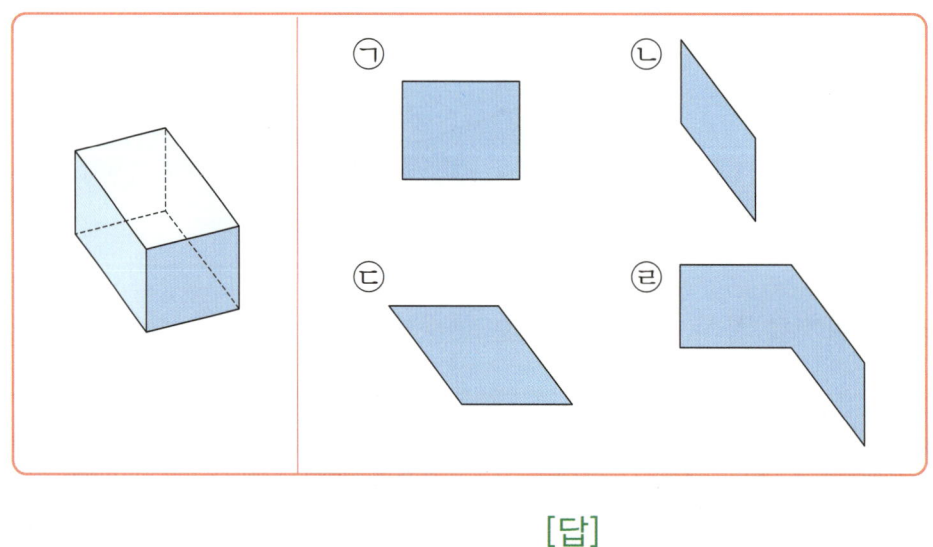

[답] _____

5 직육면체를 보고 ☐ 안에 알맞은 수를 써넣으시오.

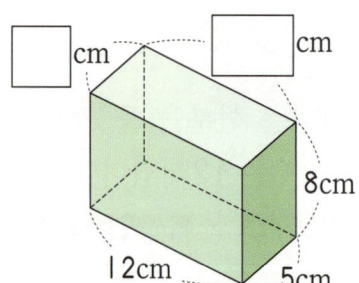

6 오른쪽 도형은 정육면체입니다. 모서리 ㉮의 길이는 몇 cm입니까?

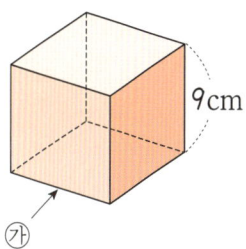

[답] _____

7 직육면체의 모든 모서리의 길이의 합은 몇 cm입니까?

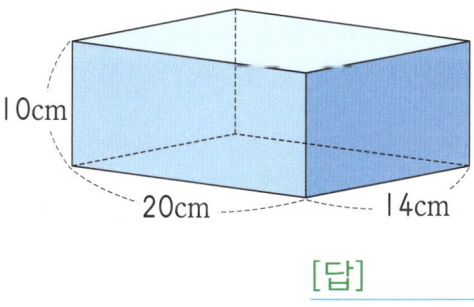

[답] _____

8 한 밑면의 둘레가 28cm인 정육면체의 모든 면의 넓이의 합은 몇 cm²입니까?

[답] _____

확인 학습

9 직육면체를 보고 물음에 답하시오.

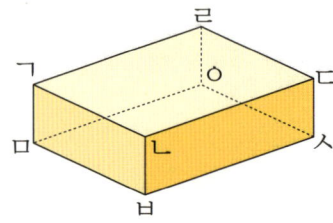

(1) 면 ㄹㅇㅅㄷ과 평행한 면을 찾아 쓰시오.

[답] _____

(2) 면 ㄴㅂㅅㄷ과 수직인 면은 모두 몇 개입니까?

[답] _____

10 오른쪽 정육면체에서 면 ㄴㅂㅅㄷ이 밑면일 때 옆면을 모두 찾아 쓰시오.

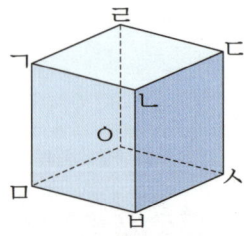

[답] _____

_____

11 직육면체에서 색칠한 면과 평행한 면의 네 모서리의 길이의 합은 몇 cm입니까?

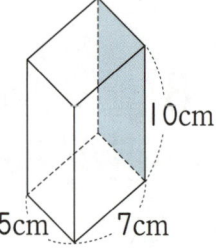

10cm

5cm 7cm

[답] _____

 확인 학습

12 다음은 직육면체의 겨냥도의 일부분입니다. 이 겨냥도를 완성하시오.

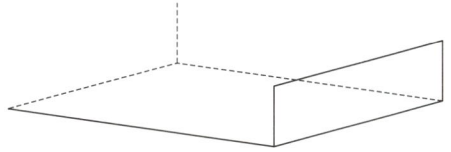

13 직육면체의 겨냥도에 대한 설명으로 틀린 것을 찾아 기호를 쓰시오.

> ㉠ 보이는 면은 3개입니다.
> ㉡ 보이는 모서리는 10개입니다.
> ㉢ 보이지 않는 꼭짓점은 1개입니다.
> ㉣ 보이지 않는 모서리는 점선으로, 보이는 모서리는 실선으로 그립니다.

[답]

14 직육면체의 겨냥도에서 보이지 않는 모서리의 길이의 합은 몇 cm입니까?

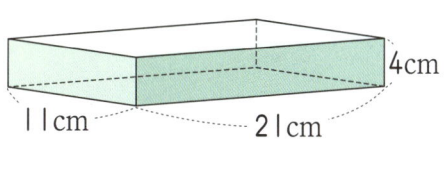

4cm
11cm
21cm

[답]

15 직육면체의 전개도를 찾아 기호를 쓰시오.

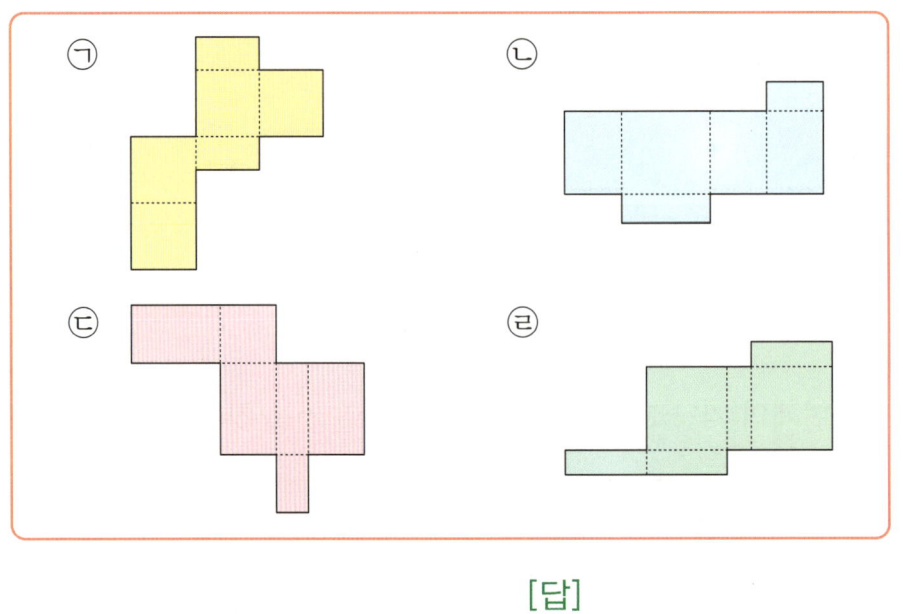

[답] _____

16 직육면체의 겨냥도에서 색칠한 면이 밑면일 때 옆면을 찾아 전개도에 빗금을 그어 보시오.

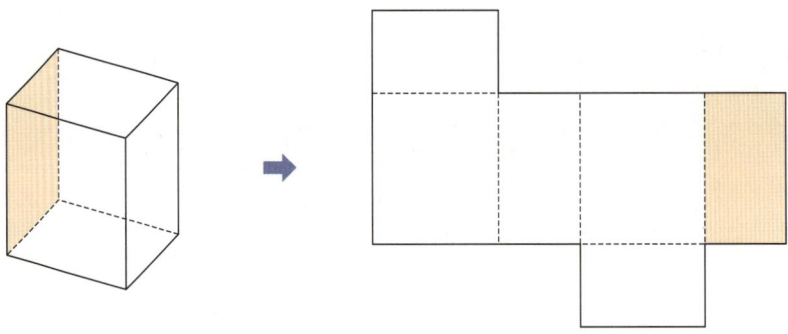

 확인 학습

17 다음 전개도를 이용하여 정육면체를 만들려고 합니다. 물음에 답하시오.

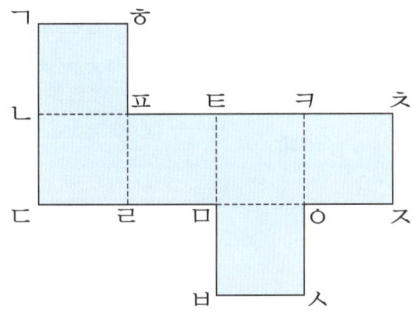

(1) 선분 ㄷㄹ과 맞닿는 선분을 찾아 쓰시오.

[답] _____

(2) 점 ㅅ과 맞닿는 점을 모두 찾아 쓰시오.

[답] _____

(3) 면 ㄴㄷㄹㅍ과 평행한 면을 찾아 쓰시오.

[답] _____

18 오른쪽은 직육면체의 전개도입니다. 물음에 답하시오.

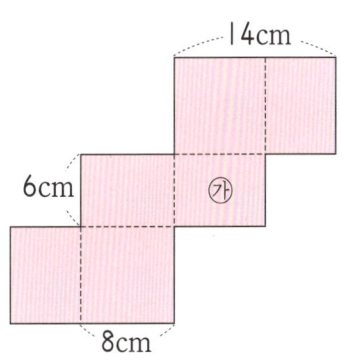

(1) 전개도의 둘레는 몇 cm입니까?

[답] _____

(2) 전개도를 이용하여 직육면체를 만들었을 때 면 ㉮와 수직인 면의 넓이의 합은 몇 cm²입니까?

[답] _____

확인 학습

19 정육면체를 보고 전개도의 ▢ 안에 알맞은 기호를 써넣으시오.

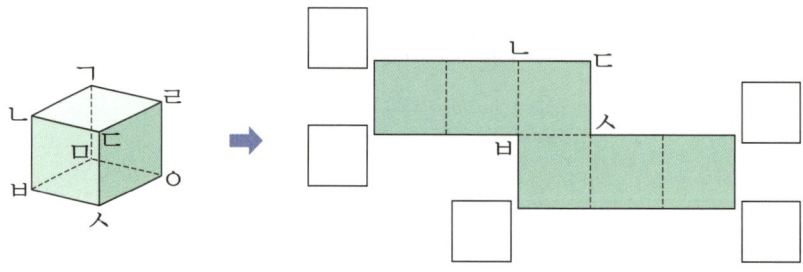

20 전개도를 이용하여 직육면체를 만들었을 때, 이 직육면체의 모든 모서리의 길이의 합은 몇 cm입니까?

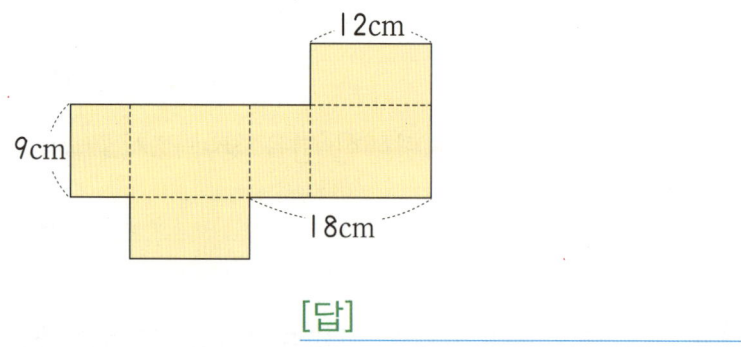

[답]

21 직육면체의 전개도에 그림과 같이 선을 그었습니다. 직육면체의 겨냥도에 선을 알맞게 그리시오.

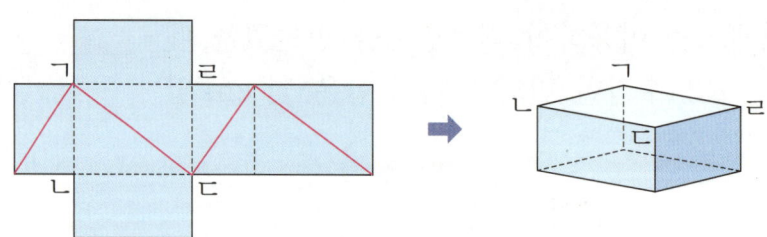

✿ 이름 :

✿ 날짜 :

✿ 시간 :　　시　　분 ~　　시　　분

확인

🌐 창의력 학습

민호가 축구공을 높은 곳에서 떨어뜨리면 떨어뜨린 높이의 $\frac{1}{2}$ 만큼 튀어 오른다고 합니다. 이 공을 12m에서 떨어뜨려 5번 땅에 닿았다가 튀어 올랐을 때의 높이는 몇 m입니까?

[답]

다음과 같은 직사각형이 6개 있습니다. 이 직사각형을 모두 사용하여 보기 와 같이 직육면체의 전개도를 만들려고 합니다. 여러 가지 직육면체의 전개도를 만들어 보시오.

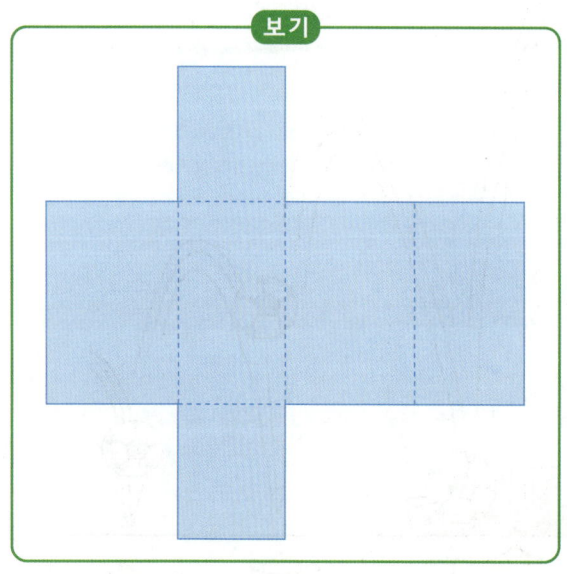

확인

이름 :

날짜 :

시간 : 시 분 ~ 시 분

 경시대회 예상문제

1 똑같이 8도막으로 자르면 한 도막이 $1\frac{4}{5}$m가 되는 리본이 있습니다. 이 리본의 $\frac{11}{24}$은 선물을 포장하는데 사용했다면, 남은 리본은 몇 m입니까?

[답]

2 연호와 지수가 일정한 빠르기로 자전거를 타고 있습니다. 한 시간에 연호는 $6\frac{3}{8}$km를 타고, 지수는 $6\frac{1}{6}$km를 탑니다. 두 사람이 2시간 40분 동안 자전거를 탄다면 누가 몇 km를 더 타겠습니까?

[답]

서술형·논술형

3 어떤 분수에 $2\frac{4}{7}$를 곱해야 할 것을 잘못하여 뺐더니 $2\frac{19}{28}$가 되었습니다. 바르게 계산하면 얼마인지 풀이 과정을 쓰고 답을 구하시오.

_____

_____

[답]

4 수정이의 몸무게는 48kg입니다. 동생의 몸무게는 수정이의 몸무게의 $\frac{7}{9}$이고, 아버지의 몸무게는 동생의 몸무게의 $2\frac{5}{14}$입니다. 아버지의 몸무게는 몇 kg입니까?

[답]

5 오른쪽 삼각형 ㄱㄴㄷ은 정삼각형입니다. ㄹ, ㅁ, ㅂ이 각각 세 변의 중심일 때, 그림에서 찾을 수 있는 크고 작은 삼각형 중에서 서로 합동인 모양은 모두 몇 가지입니까?

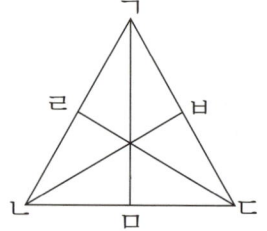

[답]

6 직사각형 ㄱㄴㄷㄹ과 직사각형 ㄷㅁㅂㅅ은 합동입니다. 직사각형 ㄷㅁㅂㅅ의 넓이가 108cm²일 때, 이 도형의 둘레는 몇 cm입니까?

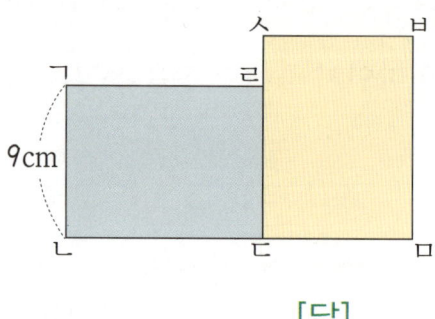

[답]

7 삼각형 ㄱㄴㄷ과 삼각형 ㅁㄷㄹ은 합동입니다. 각 ㄷㄴㄹ의 크기는 몇 도입니까?

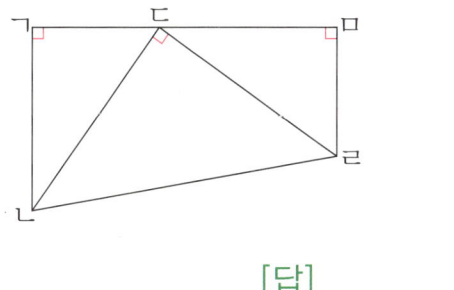

[답]

8 한 변이 7cm이고 그 양 끝 각의 크기를 다음에서 골라 삼각형을 그리려고 합니다. 그릴 수 있는 삼각형은 모두 몇 가지입니까?

| 10° | 25° | 70° | 110° | 155° |

[답]

서술형·논술형

9 오른쪽 직육면체에서 보이지 않는 모서리의 길이의 합은 27cm입니다. □ 안에 알맞은 수는 얼마인지 풀이 과정을 쓰고 답을 구하시오.

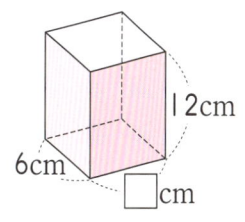

[답]

[답]

10 두 옆면의 모양이 다음과 같은 직육면체가 있습니다. 이 직육면체의 한 밑면의 둘레는 몇 cm입니까?

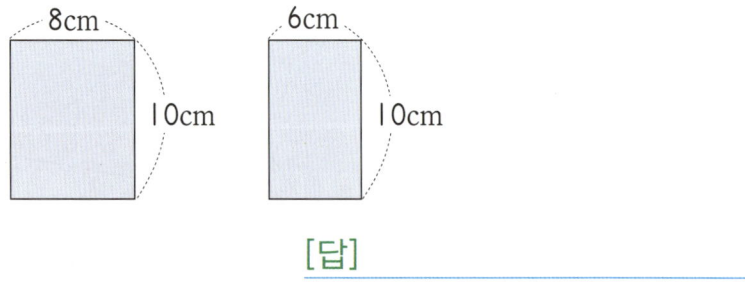

[답] _____

11 직육면체의 꼭짓점을 이어 겨냥도에 선분을 그렸습니다. 이 직육면체의 전개도에 선분을 알맞게 그리시오.

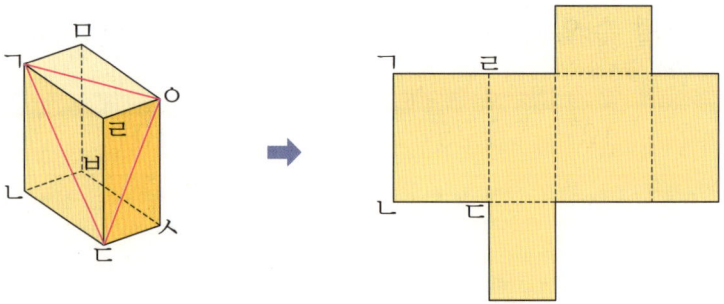

12 정육면체에서 서로 평행한 두 면의 숫자의 합은 7입니다. 빈 곳에 알맞은 숫자를 써넣으시오.

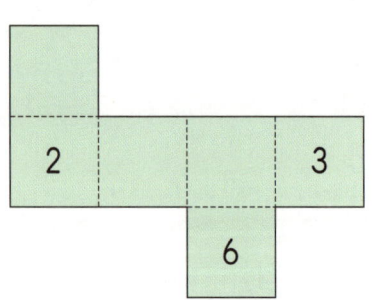

1 빈 곳에 알맞은 수를 써넣으시오.

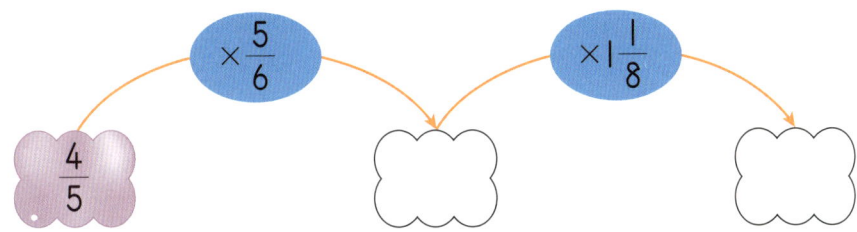

2 계산 결과가 다른 하나를 찾아 기호를 쓰시오.

ㄱ $\frac{1}{5} \times \frac{1}{8}$ ㄴ $\frac{1}{20} \times \frac{1}{2}$ ㄷ $\frac{1}{15} \times \frac{1}{3}$ ㄹ $\frac{1}{4} \times \frac{1}{10}$

[답]

3 진수는 어제 사탕 한 봉지를 사서 전체의 $\frac{2}{3}$ 를 먹고, 오늘은 나머지의 $\frac{1}{4}$ 을 먹었습니다. 진수가 오늘 먹은 사탕은 전체의 얼마입니까?

[답]

4 1분에 $\frac{3}{8}$cm씩 타는 양초가 있습니다. 이 양초는 24cm일 때, 불을 붙인 후 10분이 지나면 양초는 몇 cm 남겠습니까?

[답]

5 두 직사각형의 넓이의 차는 몇 cm²입니까?

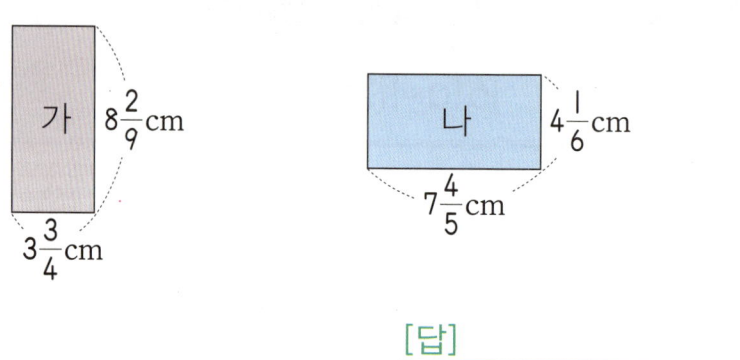

가 $8\frac{2}{9}$ cm

$3\frac{3}{4}$ cm

나 $4\frac{1}{6}$ cm

$7\frac{4}{5}$ cm

[답]

6 ○ 안에 >, =, <를 알맞게 써넣으시오.

$$21 \times \frac{4}{7} \times 1\frac{3}{10} \bigcirc 2\frac{4}{9} \times 12 \times 1\frac{1}{11}$$

7 민수가 가진 리본의 길이는 철수가 가진 리본의 $2\frac{1}{3}$이고, 창주가 가진 리본의 길이는 민수가 가진 리본의 $1\frac{3}{7}$입니다. 철수가 가진 리본의 길이가 5m일 때, 창주가 가진 리본의 길이는 몇 m입니까?

[답]

8 왼쪽 도형과 합동인 도형을 찾아 쓰시오.

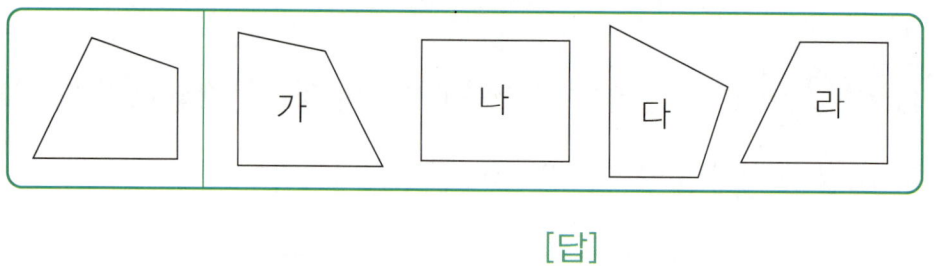

가 나 다 라

[답]

9 두 삼각형은 합동입니다. 물음에 답하시오.

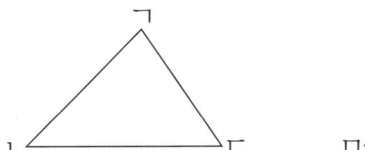

(1) 대응점을 찾아 쓰시오.

점 ㄱ과 _____ 점 ㄴ과 _____ 점 ㄷ과 _____

(2) 대응변을 찾아 쓰시오.

변 ㄱㄴ과 _____ 변 ㄴㄷ과 _____ 변 ㄷㄱ과 _____

(3) 대응각을 찾아 쓰시오.

각 ㄱㄴㄷ과 _____ 각 ㄴㄷㄱ과 _____ 각 ㄷㄱㄴ과 _____

10 두 사각형은 합동입니다. ☐ 안에 알맞은 수를 써넣으시오.

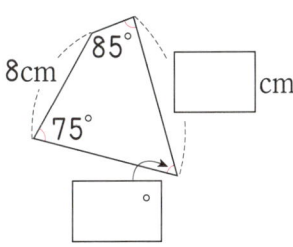
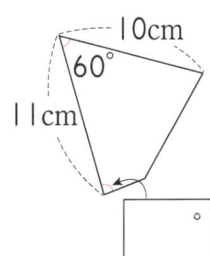

11 두 사각형은 합동입니다. 사각형 ㄱㄴㄷㄹ의 둘레가 45cm일 때, 변 ㅂㅅ 의 길이는 몇 cm입니까?

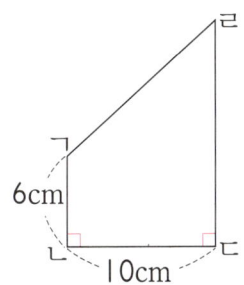
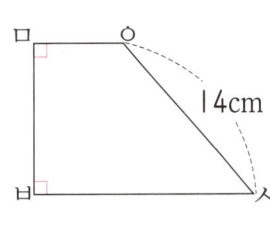

[답] _____

12 오른쪽 평행사변형 ㄱㄴㄷㄹ에서 삼각형 ㄱㄴㄹ 과 삼각형 ㄷㄹㄴ은 합동입니다. 각 ㄱㄴㄷ의 크기는 몇 도입니까?

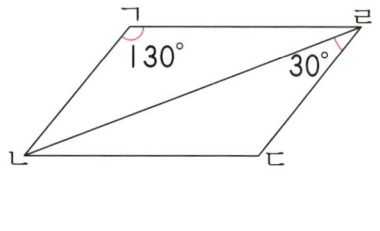

[답]

13 세 변이 각각 10cm, 7cm, 4cm인 삼각형과 합동인 삼각형을 그리는 과 정입니다. 그리는 순서에 맞게 기호를 쓰시오.

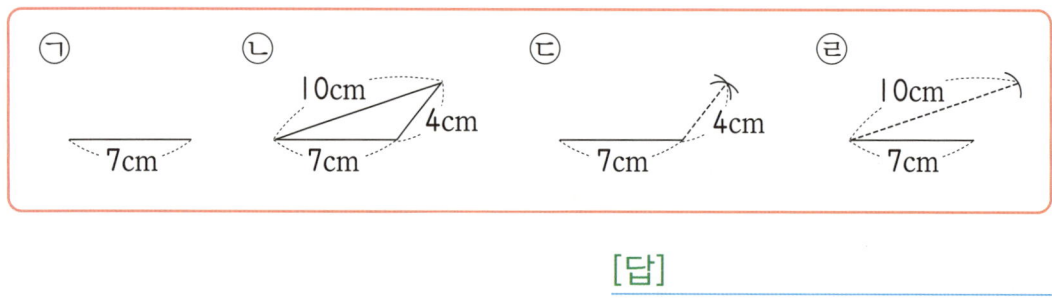

[답]

14 합동인 삼각형을 그릴 수 없는 것을 모두 찾아 기호를 쓰시오.

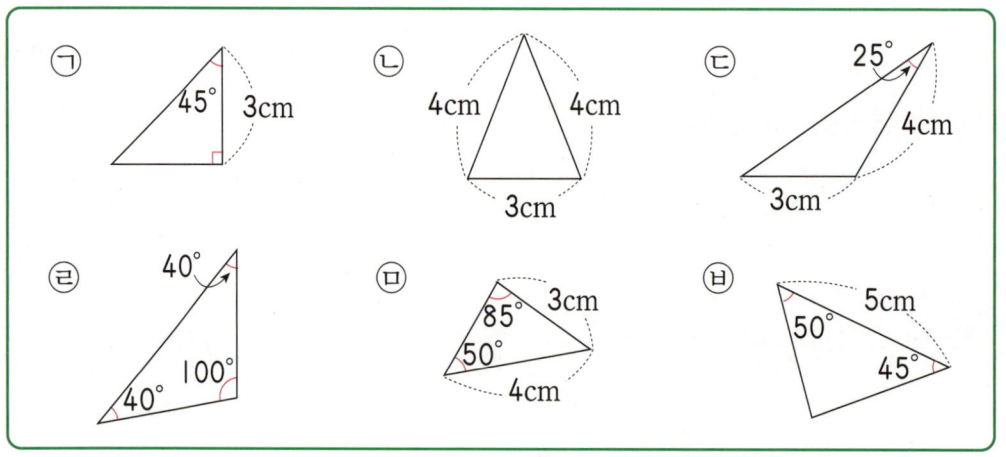

[답]

15 직육면체인 것에 ○표 하시오.

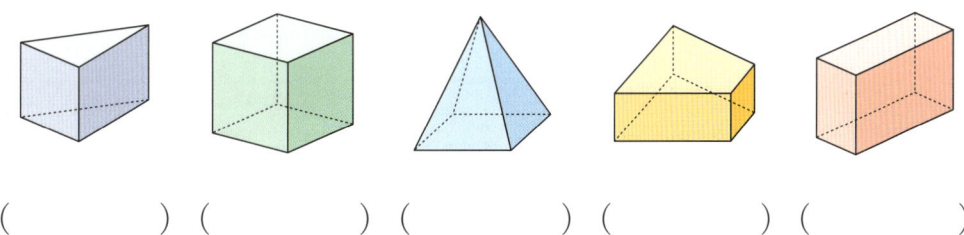

(   ) (   ) (   ) (   ) (   )

16 오른쪽 정육면체를 보고 물음에 답하시오.

(1) □ 안에 알맞은 수를 써넣으시오.
(2) 모든 모서리의 길이의 합은 몇 cm입니까?

[답]

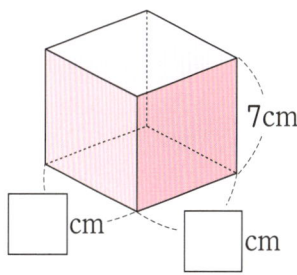

17 오른쪽 직육면체를 보고 물음에 답하시오.

(1) 다음 면과 서로 평행한 면을 찾아 쓰시오.
면 ㄱㄴㄷㄹ과 _____
면 ㄴㅂㅅㄷ과 _____
면 ㄷㅅㅇㄹ과 _____
(2) 면 ㄱㅁㅇㄹ과 수직인 면을 모두 찾아 쓰시오.

[답]

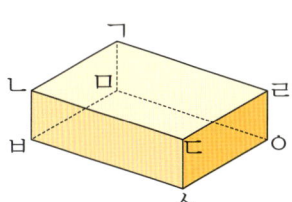

18 한 모서리가 10cm인 정육면체가 있습니다. 이 정육면체의 한 밑면에 수직인 모서리의 길이의 합은 몇 cm입니까?

[답]

19 그림에서 빠진 부분을 그려 넣어 직육면체의 겨냥도를 완성하시오.

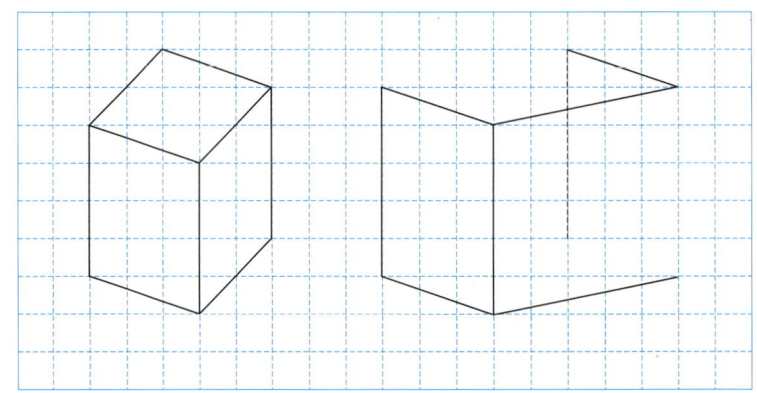

20 오른쪽 그림은 왼쪽 직육면체의 전개도입니다. ☐ 안에 알맞은 수를 써넣으시오.

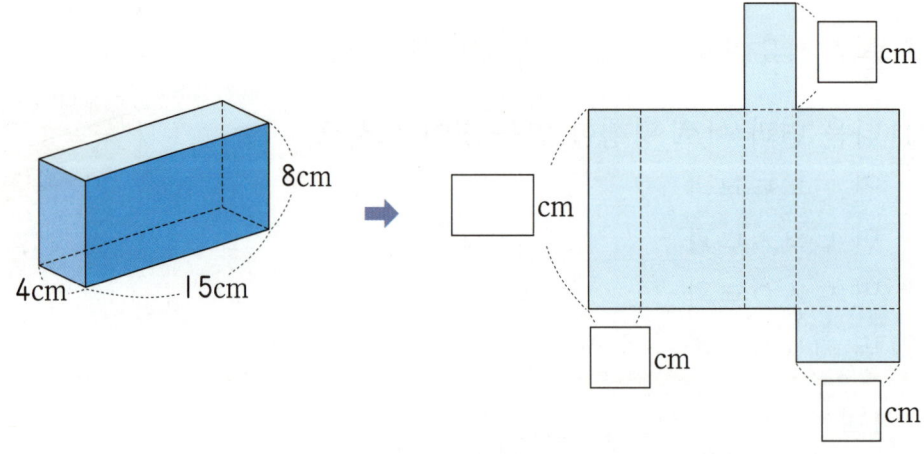

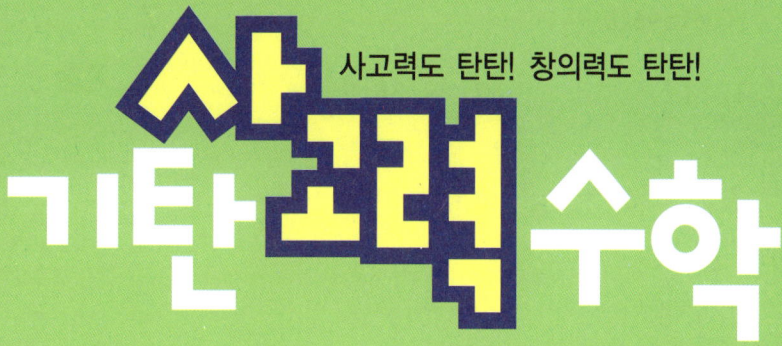

사고력도 탄탄! 창의력도 탄탄!

기탄사고력수학 해답

161a~1120b

해답은 따로 보관하고 있다가
채점할 때 사용해 주세요.

61a~61b

1 $1\frac{1}{3}$

2 $9, 36, 7\frac{1}{5}$

3 $\frac{5}{9} \times 21 = \frac{5 \times \overset{7}{21}}{\underset{3}{9}} = \frac{35}{3} = 11\frac{2}{3}$

4 $4\frac{4}{5}$

5 $6\frac{3}{10}$

6 $16\frac{1}{3}$

7 $2\frac{2}{15}$ m

풀이 (정사각형의 둘레)=(한 변)×4이므로

(둘레)$= \frac{8}{15} \times 4 = \frac{32}{15} = 2\frac{2}{15}$ (m)

8 $11\frac{1}{4}$ L

풀이 (30일 동안 마신 우유의 양)
=(매일 마신 우유의 양)×30

$= \frac{3}{8} \times \overset{15}{30} = \frac{45}{4} = 11\frac{1}{4}$ (L)

62a~62b

1 $3\frac{3}{4}$

2 $\frac{3}{5}, \frac{3}{5}, 8, \frac{12}{5}, 10\frac{2}{5}$

3 $4\frac{7}{8} \times 6 = \frac{39}{\underset{4}{8}} \times \overset{3}{6} = \frac{117}{4} = 29\frac{1}{4}$

4 $26\frac{2}{3}$

5 $39\frac{3}{4}$

6 (위에서부터) $25\frac{1}{3}, 68\frac{2}{5}$

풀이 $2\frac{8}{15} \times 10 = \frac{38}{\underset{3}{15}} \times \overset{2}{10} = \frac{76}{3} = 25\frac{1}{3}$

$2\frac{8}{15} \times 27 = \frac{38}{\underset{5}{15}} \times \overset{9}{27} = \frac{342}{5} = 68\frac{2}{5}$

7 ㉡, ㉢, ㉠

풀이 ㉠ $5\frac{1}{14} \times 10 = \frac{71}{14} \times \overset{5}{10}$

$= \frac{355}{7} = 50\frac{5}{7}$

㉡ $3\frac{2}{5} \times 20 = \frac{17}{5} \times \overset{4}{20} = 68$

㉢ $7\frac{5}{12} \times 9 = \frac{89}{\underset{4}{12}} \times \overset{3}{9} = \frac{267}{4} = 66\frac{3}{4}$

➡ ㉡ > ㉢ > ㉠

8 $317\frac{1}{2}$ kg

풀이 (사과 25상자의 무게)

$= 12\frac{7}{10} \times 25 = \frac{127}{\underset{2}{10}} \times \overset{5}{25}$

$= \frac{635}{2} = 317\frac{1}{2}$ (kg)

63a~63b

1 (1) $5, 50, 25, 8\frac{1}{3}$　(2) $5, 3, 25, 8\frac{1}{3}$

(3) $5, 3, 25, 8\frac{1}{3}$

2 $2\frac{4}{5}$

3 $29\frac{1}{3}$

4 12

5 $12\frac{6}{7}$

6 ㉢

풀이 ㉠ $\overset{3}{27} \times \frac{8}{\underset{}{9}} = 24$　㉡ $\overset{24}{48} \times \frac{1}{\underset{1}{2}} = 24$

㉢ $\overset{7}{56} \times \frac{5}{\underset{1}{8}} = 35$　㉣ $\overset{12}{60} \times \frac{2}{\underset{1}{5}} = 24$

7 $11\frac{7}{10}$ L

풀이 (사용한 기름의 양)

=(전체 기름의 양)$\times \frac{9}{20}$

$$= 26 \times \frac{9}{20} = \frac{117}{10} = 11\frac{7}{10}(L)$$

1 $3, 3, 4, 24, 20, 24, 6, 2, 30\frac{2}{3}$

2 $9 \times 1\frac{2}{7} = 9 \times \frac{9}{7} = \frac{81}{7} = 11\frac{4}{7}$

3 $21 \times 4\frac{5}{6} = 21 \times \frac{29}{6} = \frac{203}{2} = 101\frac{1}{2}$

4

풀이 $16 \times 5\frac{3}{8} = 16 \times \frac{43}{8} = 86$

$10 \times 3\frac{7}{12} = 10 \times \frac{43}{12} = \frac{215}{6} = 35\frac{5}{6}$

$35 \times 2\frac{5}{28} = 35 \times \frac{61}{28} = \frac{305}{4} = 76\frac{1}{4}$

5 $40, 84\frac{4}{5}$

풀이 $36 \times 1\frac{1}{9} = 36 \times \frac{10}{9} = 40$

$40 \times 2\frac{3}{25} = 40 \times \frac{53}{25} = \frac{424}{5} = 84\frac{4}{5}$

6 $<$

풀이 $16 \times 1\frac{7}{18} = 16 \times \frac{25}{18} = \frac{200}{9} = 22\frac{2}{9}$

$12 \times 2\frac{4}{9} = 12 \times \frac{22}{9} = \frac{88}{3} = 29\frac{1}{3}$

➡ $22\frac{2}{9} < 29\frac{1}{3}$

7 $94\frac{3}{8} \text{cm}^2$

풀이 (직사각형의 넓이)

$$= 15 \times 6\frac{7}{24} = 15 \times \frac{151}{24}$$

$$= \frac{755}{8} = 94\frac{3}{8}(\text{cm}^2)$$

8 $71\frac{1}{2}\text{kg}$

풀이 (아버지의 몸무게)

$$= (\text{정민이의 몸무게}) \times 1\frac{3}{8} = 52 \times 1\frac{3}{8}$$

$$= 52 \times \frac{11}{8} = \frac{143}{2} = 71\frac{1}{2}(\text{kg})$$

1 $3, 2, 6$ **2** $5, 6, 30$

3 $\frac{1}{16}$ **4** $\frac{1}{15}$

5 $\frac{1}{28}$ **6** $\frac{1}{54}$

7 (위에서부터) $\frac{1}{20}, \frac{1}{45} / \frac{1}{40}, \frac{1}{90}$

8 $<$

풀이 단위분수끼리의 곱셈에서 곱은 항상 곱하는 수 또는 곱해지는 수보다 작습니다.

9 $<$

10 ㉠

풀이 ㉠ $\frac{1}{10}$ ㉡ $\frac{1}{12}$ ㉢ $\frac{1}{24}$ ㉣ $\frac{1}{63}$

➡ ㉠>㉡>㉢>㉣

11 $\frac{1}{8}\text{m}$

풀이 (사용한 리본의 길이)

$$= (\text{전체 리본의 길이}) \times \frac{1}{2}$$

$$= \frac{1}{4} \times \frac{1}{2} = \frac{1}{8}(\text{m})$$

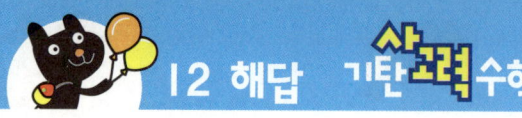

66a~66b

1 $7, 5, \dfrac{21}{40}$

2 $5, 3, 10, 12$

3 $\dfrac{5}{6} \times \dfrac{3}{10} = \dfrac{5 \times 3}{6 \times 10} = \dfrac{1}{4}$

4 $\dfrac{7}{12} \times \dfrac{9}{14} = \dfrac{7 \times 9}{12 \times 14} = \dfrac{3}{8}$

5 (위에서부터) $3, 1, 2, 2, \dfrac{3}{4}$

풀이 $\dfrac{9}{10} \times \dfrac{5}{6} = \dfrac{3}{4}$

6 (위에서부터) $4, 1, 3, 9, \dfrac{4}{27}$

풀이 $\dfrac{8}{15} \times \dfrac{5}{18} = \dfrac{4}{27}$

7 (위에서부터) $3, 2, \dfrac{21}{50}$

풀이 $\dfrac{7}{12} \times \dfrac{18}{25} = \dfrac{21}{50}$

8 (위에서부터) $2, 2, 1, 7, \dfrac{4}{7}$

풀이 $\dfrac{10}{17} \times \dfrac{34}{35} = \dfrac{4}{7}$

9 $\dfrac{1}{10}$

10 $\dfrac{2}{5}$

11 $\dfrac{7}{12}$

12 $\dfrac{40}{99}$

67a~67b

1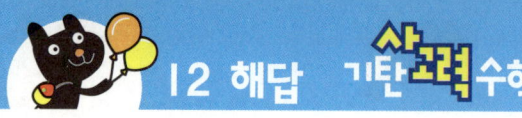

풀이 $\dfrac{5}{8} \times \dfrac{4}{15} = \dfrac{1}{6}$, $\dfrac{9}{20} \times \dfrac{16}{21} = \dfrac{12}{35}$

2 ㉠

풀이 ㉠ $\dfrac{10}{21} \times \dfrac{7}{15} = \dfrac{2}{9}$

㉡ $\dfrac{4}{9} \times \dfrac{3}{16} = \dfrac{1}{12}$

㉢ $\dfrac{7}{30} \times \dfrac{5}{14} = \dfrac{1}{12}$

3 $\dfrac{10}{21}, \dfrac{12}{35}$

풀이 $\dfrac{5}{6} \times \dfrac{4}{7} = \dfrac{10}{21}$, $\dfrac{10}{21} \times \dfrac{18}{25} = \dfrac{12}{35}$

4 $=$

풀이 $\dfrac{8}{9} \times \dfrac{3}{5} = \dfrac{8}{15}$ $=$ $\dfrac{18}{25} \times \dfrac{20}{27} = \dfrac{8}{15}$

5 나

풀이 (가의 넓이)$= \dfrac{5}{8} \times \dfrac{5}{8} = \dfrac{25}{64}$ (cm^2)

(나의 넓이)$= \dfrac{7}{12} \times \dfrac{16}{21} = \dfrac{4}{9}$ (cm^2)

$\dfrac{25}{64} = \dfrac{225}{576}$, $\dfrac{4}{9} = \dfrac{256}{576}$ 이므로

$\dfrac{25}{64} < \dfrac{4}{9}$ 입니다.

따라서 넓이가 더 넓은 도형은 나입니다.

6 $\dfrac{12}{35}$

풀이 (양파를 심은 부분의 넓이)

$=$ (채소를 심은 부분의 넓이)$\times \dfrac{8}{15}$

$= \dfrac{9}{14} \times \dfrac{8}{15} = \dfrac{12}{35}$

68a~68b

1 $7,\ 8,\ 7,\ 8,\ 56,\ 3\frac{11}{15}$

2 (1) $1,\ 1,\ 1,\ 3,\ 3,\ 4,\ 42,\ 3,\ 49,\ 1,\ 3,\ 3\frac{3}{4}$

(2) $7,\ 15,\ 15,\ 3\frac{3}{4}$

3 $1\frac{4}{5}\times2\frac{1}{12}=\frac{9}{5}\times\frac{25}{12}=\frac{15}{4}=3\frac{3}{4}$

4 $2\frac{2}{15}\times3\frac{5}{8}=\frac{32}{15}\times\frac{29}{8}=\frac{116}{15}=7\frac{11}{15}$

5 $3\frac{1}{8}\times1\frac{13}{15}=\frac{25}{8}\times\frac{28}{15}=\frac{35}{6}=5\frac{5}{6}$

6 $4\frac{2}{3}\times2\frac{4}{7}=\frac{14}{3}\times\frac{18}{7}=12$

69a~69b

1 $6\frac{2}{3}$ **2** $7\frac{1}{2}$

3

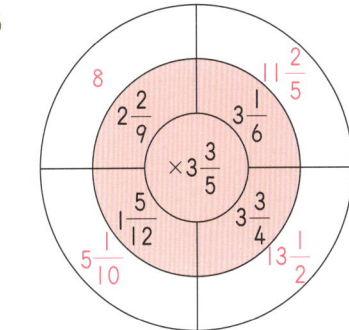

풀이 $2\frac{2}{9}\times3\frac{3}{5}=\frac{20}{9}\times\frac{18}{5}=8$

$3\frac{1}{6}\times3\frac{3}{5}=\frac{19}{6}\times\frac{18}{5}=\frac{57}{5}=11\frac{2}{5}$

$1\frac{5}{12}\times3\frac{3}{5}=\frac{17}{12}\times\frac{18}{5}=\frac{51}{10}=5\frac{1}{10}$

$3\frac{3}{4}\times3\frac{3}{5}=\frac{15}{4}\times\frac{18}{5}=\frac{27}{2}=13\frac{1}{2}$

4 $5\frac{7}{10},\ 6\frac{2}{3}\ /\ 38$

풀이 $2\frac{1}{4}\times2\frac{8}{15}=\frac{9}{4}\times\frac{38}{15}=\frac{57}{10}=5\frac{7}{10}$

$3\frac{7}{11}\times1\frac{5}{6}=\frac{40}{11}\times\frac{11}{6}=\frac{20}{3}=6\frac{2}{3}$

$5\frac{7}{10}\times6\frac{2}{3}=\frac{57}{10}\times\frac{20}{3}=38$

5 ㉠

풀이 ㉠ $5\frac{1}{4}\times3\frac{5}{9}=\frac{21}{4}\times\frac{32}{9}$

$=\frac{56}{3}=18\frac{2}{3}$

㉡ $2\frac{4}{7}\times4\frac{1}{12}=\frac{18}{7}\times\frac{49}{12}=\frac{21}{2}=10\frac{1}{2}$

➡ ㉠ > ㉡

6 10개

풀이 $4\frac{2}{7}\times2\frac{5}{8}=\frac{30}{7}\times\frac{21}{8}=\frac{45}{4}=11\frac{1}{4}$

$11\frac{1}{4}>\square\frac{3}{4}$ 이므로 □ 안에 들어갈 수 있는 자연수는 1, 2, 3, ……, 9, 10으로 모두 10개입니다.

7 $18\frac{5}{12}\text{kg}$

풀이 $8\frac{1}{8}\times2\frac{4}{15}=\frac{65}{8}\times\frac{34}{15}=\frac{221}{12}$

$=18\frac{5}{12}(\text{kg})$

70a~70b

1 (1) $\dfrac{2}{15}$, $\dfrac{8}{105}$ (2) 2, 4, $\dfrac{8}{105}$

2 (1) 2, 1, 10, 3, $\dfrac{7}{30}$ (2) 1, 2, 3, $\dfrac{7}{30}$

(3) 1, 2, 3, $\dfrac{7}{30}$

3 (1) 7, 4, 9, $\dfrac{28}{9}$, $3\dfrac{1}{9}$

(2) 1, 4, 3, 3, $\dfrac{28}{9}$, $3\dfrac{1}{9}$

(3) 1, 4, 3, 3, $\dfrac{28}{9}$, $3\dfrac{1}{9}$

4 (1) 5, 9, 4, $\dfrac{45}{4}$, $\dfrac{45}{8}$, $5\dfrac{5}{8}$

(2) 9, 5, 9, 4, $\dfrac{45}{8}$, $5\dfrac{5}{8}$

(3) 5, 9, 4, $\dfrac{45}{8}$, $5\dfrac{5}{8}$

71a~71b

1 민희

2 $\dfrac{2}{3} \times 2\dfrac{4}{5} \times 1\dfrac{2}{7} = \dfrac{2}{3} \times \dfrac{14}{5} \times \dfrac{9}{7} = \dfrac{12}{5}$

$= 2\dfrac{2}{5}$

3 $5 \times \dfrac{9}{10} \times 2\dfrac{1}{4} = 5 \times \dfrac{9}{10} \times \dfrac{9}{4} = \dfrac{81}{8}$

$= 10\dfrac{1}{8}$

4 $\dfrac{1}{4}$ **5** 2

6 $\dfrac{14}{25}$ **7** $13\dfrac{1}{5}$

8 52

72a~72b

1 $\dfrac{2}{5}$ **2** <

3 7개

풀이 $\dfrac{3}{4} \times \dfrac{1}{5} \times \dfrac{4}{9} = \dfrac{1}{15}$,

$\dfrac{2}{5} \times \dfrac{6}{7} \times \dfrac{5}{12} = \dfrac{1}{7}$

따라서 $\dfrac{1}{15} < \dfrac{1}{\square} < \dfrac{1}{7}$ 을 만족하는 자연수 $\square$는 8, 9, 10, 11, 12, 13, 14로 모두 7개입니다.

4 45권

풀이 (전래 동화의 권수)

$= 120 \times \dfrac{3}{5} \times \dfrac{5}{8} = 45$(권)

5 $40\dfrac{1}{2}$kg

풀이 (민우의 몸무게)

$=$ (현아의 몸무게)$\times 2\dfrac{2}{7}$

$=$ (주호의 몸무게)$\times \dfrac{3}{8} \times 2\dfrac{2}{7}$

$= 47\dfrac{1}{4} \times \dfrac{3}{8} \times 2\dfrac{2}{7} = \dfrac{189}{4} \times \dfrac{3}{8} \times \dfrac{16}{7}$

$= \dfrac{81}{2} = 40\dfrac{1}{2}$(kg)

6 $211\dfrac{1}{4}$cm²

풀이 (타일이 붙어 있는 바닥의 넓이)

$=$ (정사각형 모양의 타일의 넓이)$\times 45$

$= 2\dfrac{1}{6} \times 2\dfrac{1}{6} \times 45 = \dfrac{13}{6} \times \dfrac{13}{6} \times 45$

$= \dfrac{845}{4} = 211\dfrac{1}{4}$(cm²)

창의력 학습

a 자동차

풀이 $3\frac{3}{7} \times 1\frac{1}{6} = \frac{\overset{4}{24}}{7} \times \frac{7}{\overset{6}{1}} = 4$ ➡ 오른쪽

$2\frac{5}{8} \times 2\frac{4}{15} = \frac{\overset{7}{21}}{\overset{8}{4}} \times \frac{\overset{17}{34}}{\overset{15}{5}} = \frac{119}{20} = 5\frac{19}{20}$

➡ 위쪽

$4\frac{1}{2} \times 2\frac{2}{3} = \frac{\overset{3}{9}}{\overset{2}{1}} \times \frac{\overset{4}{8}}{\overset{3}{1}} = 12$ ➡ 위쪽

$1\frac{11}{14} \times 2\frac{1}{10} = \frac{\overset{5}{25}}{\overset{14}{2}} \times \frac{\overset{3}{21}}{\overset{10}{2}} = \frac{15}{4} = 3\frac{3}{4}$

➡ 오른쪽

$3\frac{9}{10} \times 2\frac{4}{13} = \frac{\overset{3}{39}}{10} \times \frac{\overset{3}{30}}{\overset{13}{1}} = 9$ ➡ 위쪽

따라서 재민이가 가지게 될 물건은 자동차입니다.

b $\frac{1}{840}$

풀이 $\frac{1}{2} \times \frac{1}{3} \times \frac{1}{4} \times \frac{1}{5} \times \frac{1}{7} = \frac{1}{840}$

경시대회 예상문제

1 27

풀이 (어떤 수)$= 54 \times \frac{5}{\overset{6}{1}} = 45$

어떤 수의 $\frac{3}{5}$ 은 $45 \times \frac{3}{5} = 27$입니다.

2 1, 2, 3

풀이 $7\frac{5}{9} \times \square = \frac{68}{9} \times \square = \frac{68 \times \square}{9}$

$\frac{68 \times \square}{9} < 30$이므로 $\frac{68 \times \square}{9} < \frac{270}{9}$ 입니다. 따라서 $68 \times \square < 270$를 만족하는 $\square$는 1, 2, 3입니다.

3 $56\frac{2}{3}$ km

풀이 40분은 $\frac{40}{60} = \frac{2}{3}$ 시간입니다.
(자동차가 40분 동안 달린 거리)
$= \frac{2}{3} \times 85 = \frac{170}{3} = 56\frac{2}{3}$ (km)

4 $\frac{2}{9}$

풀이 호영이가 어제 먹고 남은 사탕은 전체의 $1 - \frac{5}{9} = \frac{4}{9}$ 입니다.

(오늘 먹은 사탕의 양)$= \frac{\overset{2}{4}}{9} \times \frac{1}{2} = \frac{2}{9}$

5 가, 11cm^2

풀이 (가의 넓이)$= 9\frac{1}{6} \times 6\frac{9}{10}$

$= \frac{\overset{11}{55}}{\overset{6}{2}} \times \frac{\overset{23}{69}}{\overset{10}{2}} = \frac{253}{4}$

$= 63\frac{1}{4}$ (cm^2)

(나의 넓이)$= 4\frac{2}{9} \times 12\frac{3}{8} = \frac{38}{\overset{9}{1}} \times \frac{\overset{11}{99}}{\overset{8}{4}}$

$= \frac{209}{4} = 52\frac{1}{4}$ (cm^2)

따라서 도형 가의 넓이가
$63\frac{1}{4} - 52\frac{1}{4} = 11$ (cm^2) 더 넓습니다.

6 $22\frac{1}{20}$

풀이 숫자 카드로 만들 수 있는 가장 큰 대분수는 $8\frac{2}{5}$ 이고, 가장 작은 대분수는 $2\frac{5}{8}$ 입니다.

➡ $8\frac{2}{5} \times 2\frac{5}{8} = \frac{\overset{21}{42}}{5} \times \frac{21}{\overset{8}{4}} = \frac{441}{20} = 22\frac{1}{20}$

7 $13\frac{3}{4}$

풀이 어떤 분수를 □라고 하면

$$□+3\frac{1}{8}=7\frac{21}{40},$$

$$□=7\frac{21}{40}-3\frac{1}{8}=7\frac{21}{40}-3\frac{5}{40}$$

$$=4\frac{16}{40}=4\frac{2}{5}$$

따라서 바르게 계산하면

$$4\frac{2}{5}×3\frac{1}{8}=\frac{\overset{11}{\cancel{22}}}{5}×\frac{\overset{5}{\cancel{25}}}{\cancel{8}_4}=\frac{55}{4}=13\frac{3}{4}$$

8 (색칠한 부분의 가로)

$$=4\frac{2}{9}-1\frac{3}{4}=4\frac{8}{36}-1\frac{27}{36}=2\frac{17}{36}(cm)$$

(색칠한 부분의 넓이)

$$=2\frac{17}{36}×1\frac{4}{5}=\frac{89}{\cancel{36}}×\frac{\cancel{9}^1}{5}=\frac{89}{20}$$

$$=4\frac{9}{20}(cm^2)$$

[답] $4\frac{9}{20}cm^2$

평가 기준	
상	색칠한 부분의 가로를 구하고 답을 바르게 구한 경우
중	색칠한 부분의 가로는 구했으나 답을 구하지 못한 경우
하	풀이 과정과 답을 구하지 못한 경우

9 $13\frac{8}{9}$

풀이 $1\frac{1}{4}⊙\frac{5}{6}$

$$=(1\frac{1}{4}-\frac{5}{6})×16×(1\frac{1}{4}+\frac{5}{6})$$

$$=(1\frac{3}{12}-\frac{10}{12})×16×(1\frac{3}{12}+\frac{10}{12})$$

$$=\frac{5}{\cancel{12}_3}×\overset{4}{\cancel{16}}×\frac{25}{\cancel{12}_3}=\frac{125}{9}=13\frac{8}{9}$$

10 $\frac{1}{6}$

풀이 $\frac{5}{\cancel{8}_2}×\frac{\cancel{4}^1}{\cancel{9}_3}×\frac{\cancel{3}^1}{5}=\frac{1}{6}$

11 $52\frac{1}{2}$ kg

풀이 (어머니의 몸무게)

$$=(인정이의 몸무게)×1\frac{1}{2}$$

$$=(아버지의 몸무게)×\frac{7}{15}×1\frac{1}{2}$$

$$=75×\frac{7}{15}×1\frac{1}{2}=\overset{5}{\cancel{75}}×\frac{7}{\cancel{15}_1}×\frac{3}{2}$$

$$=\frac{105}{2}=52\frac{1}{2}(kg)$$

12 영훈이네 집에서 놀이공원까지의 거리를 1이라고 하면 버스를 탄 거리는 전체의

$$(1-\frac{3}{5})×\frac{5}{6}=\frac{\cancel{2}}{\cancel{5}_1}×\frac{\cancel{5}}{\cancel{6}_3}=\frac{1}{3},$$

걸어서 간 거리는 전체의

$$1-(\frac{3}{5}+\frac{1}{3})=1-(\frac{9}{15}+\frac{5}{15})$$

$$=1-\frac{14}{15}=\frac{1}{15}$$

따라서 영훈이네 집에서 놀이공원까지의 거리는 영훈이가 걸어서 간 거리의 15배이므로 $1\frac{1}{3}×15=\frac{4}{\cancel{3}_1}×\overset{5}{\cancel{15}}=20(km)$입니다.

[답] 20km

평가 기준	
상	걸어서 간 거리가 전체의 얼마인지를 알고 답을 바르게 구한 경우
중	걸어서 간 거리가 전체의 얼마인지는 알았으나 답을 구하지 못한 경우
하	풀이 과정과 답을 구하지 못한 경우

76a~76b

1 ㉣

2 ( )( )(○)

3 카

4 타

5 마

6 자

77a~77b

1 가와 다
2 나와 라
3 가와 라
4 가와 아, 나와 사
5 예 점 ㅂ을 오른쪽으로 한 꼭짓점만 옮겨 그립니다.

78a~78b

1 (1) 점 ㄱ과 점 ㄹ, 점 ㄴ과 점 ㅁ, 점 ㄷ과 점 ㅂ
   (2) 변 ㄱㄴ과 변 ㄹㅁ, 변 ㄴㄷ과 변 ㅁㅂ, 변 ㄱㄷ과 변 ㄹㅂ
   (3) 각 ㄱㄴㄷ과 각 ㄹㅁㅂ, 각 ㄴㄷㄱ과 각 ㅁㅂㄹ, 각 ㄷㄱㄴ과 각 ㅂㄹㅁ

2 (1) 점 ㅁ, 점 ㅂ, 점 ㅅ, 점 ㅇ
   (2) 변 ㅁㅂ, 변 ㅂㅅ, 변 ㅅㅇ, 변 ㅇㅁ
   (3) 각 ㅁㅂㅅ, 각 ㅂㅅㅇ, 각 ㅅㅇㅁ, 각 ㅇㅁㅂ

3 3쌍

79a~79b

1 (1) 7cm (2) 50°
2 (1) 8cm (2) 65°
3 (1) 4cm (2) 60°
   풀이 삼각형 ㄱㄴㄷ과 삼각형 ㅁㄹㅂ은 합동입니다.
4 (1) 12cm (2) 9cm (3) 70°
   풀이 사각형 ㄱㄴㄷㄹ과 사각형 ㅂㅁㅇㅅ은 합동입니다.

80a~80b

1 30
   풀이 이등변삼각형이므로 나머지 두 각의 크기는 같습니다.
   ➡ (180°−120°)÷2=30°

2 24cm
   풀이 (변 ㄱㄴ)=(변 ㅁㅂ)=6cm
   (변 ㄱㄷ)=(변 ㅁㄹ)=10cm
   ➡ (삼각형 ㄱㄴㄷ의 둘레)=6+8+10
                    =24(cm)

3 27cm
   풀이 (변 ㅁㅂ)=(변 ㄷㄹ)=5cm
   (변 ㅅㅇ)=(변 ㄱㄴ)=4cm
   (변 ㅁㅇ)=(변 ㄷㄴ)=11cm
   ➡ (사각형 ㅁㅂㅅㅇ의 둘레)
      =5+7+4+11=27(cm)

4 (1) 55° (2) 22cm
   풀이 (1) (각 ㄹㅁㄴ)=(각 ㄱㄷㄴ)
                =180°−90°−35°
                =55°
   (2) (변 ㄱㄷ)=(변 ㄹㅁ)
             =52−12−18=22(cm)

5 (1) 10cm (2) 70° (3) 40° (4) 11cm
   풀이 (1) (변 ㅅㅂ)=(변 ㄱㄴ)=10cm
   (2) (각 ㄱㄹㄷ)=(각 ㅅㅁㄷ)=110°이므로
      (각 ㄴㄷㄹ)=360°−90°−90°−110°
              =70°
   (3) (각 ㄹㄷㅁ)=180°−70°−70°=40°
   (4) (변 ㅂㄷ)=(변 ㄴㄷ)=18cm
      (변 ㄷㅁ)=54−18−10−15
             =11(cm)

81a~81b

1 각도기
2 ㄷ, ㄴ, ㄹ, ㄱ 또는 ㄷ, ㄹ, ㄴ, ㄱ
3 점 ㄴ
4

5

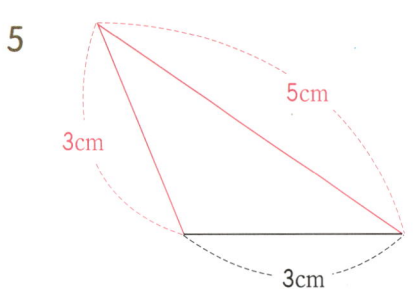

82a~82b

1

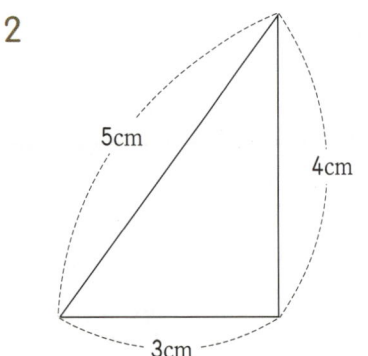

2

3

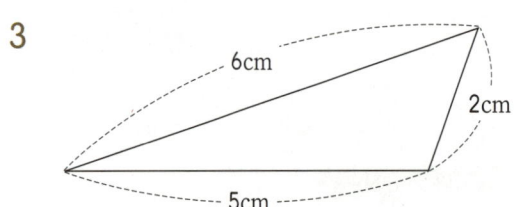

4 ㉺

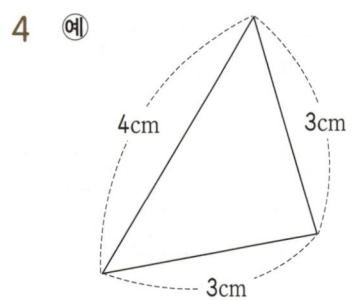

5 ㉺

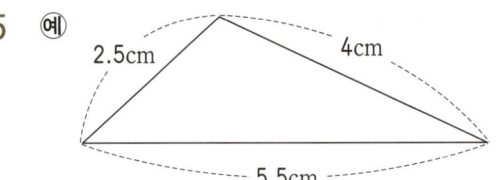

6 ㉺

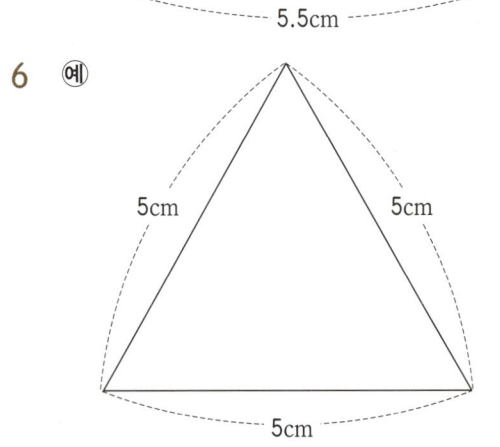

83a~83b

1 4, 1, 3, 2

2 각 ㄱㄴㄷ 또는 ㄷㄴㄱ

3 5, 5, 45

4

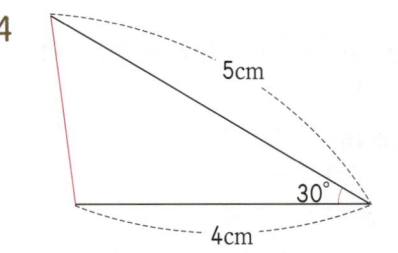

5

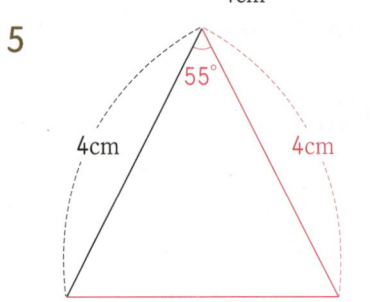

84a~84b

1
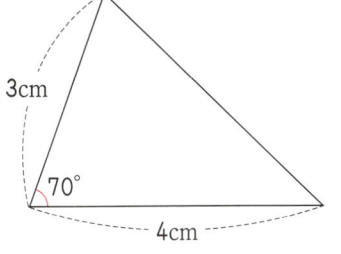

2
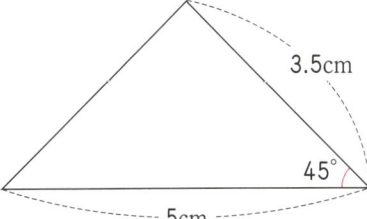

3
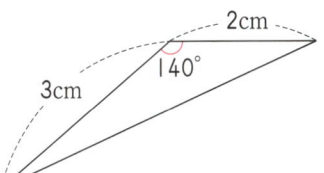

4 예
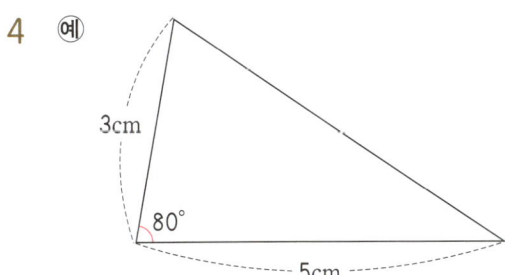

5 예
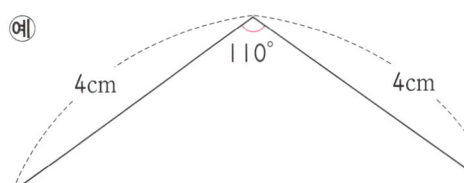

6 예
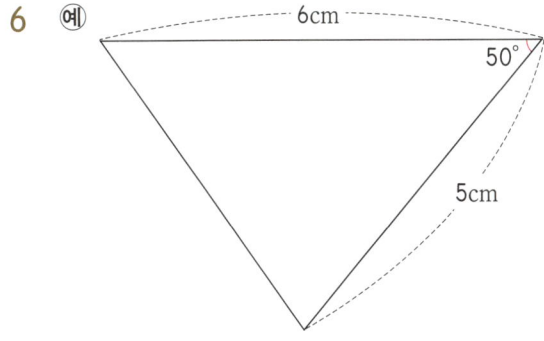

85a~85b

1 ① 4, ㄴㄷ ② 50 ③ 60 ④ ㄱ

2 현우   **3** 4, 4, 70

4
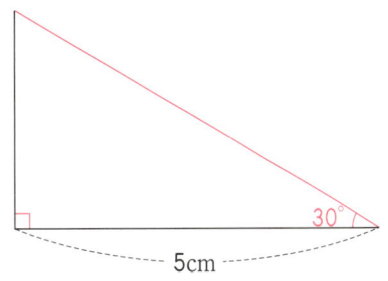

5 120°에 ○표

86a~86b

1
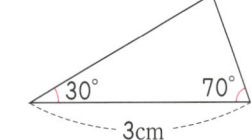

2
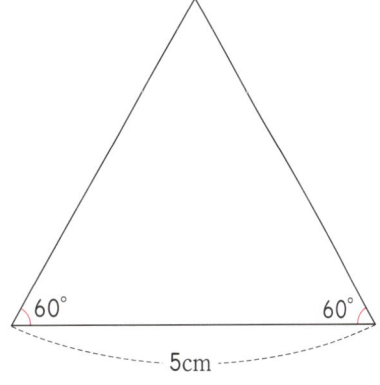

3
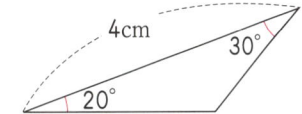

4 예
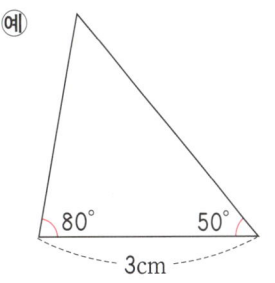

5 (예)

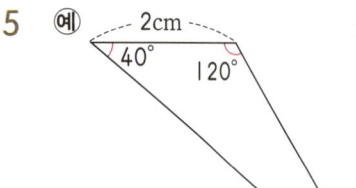

6 (예)

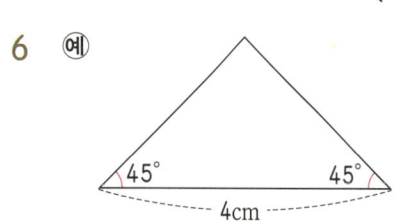

87a~87b

1 ㉢

풀이 ㉠ 세 변의 길이가 주어진 삼각형이 므로 합동인 삼각형을 그릴 수 있습니다.
㉡ 나머지 한 각의 크기는 70°이므로 한 변의 길이와 그 양 끝 각의 크기가 주어 진 삼각형으로 합동인 삼각형을 그릴 수 있습니다.

2 ㉡

3 변 ㄱㄷ의 길이 또는 각 ㄱㄴㄷ의 크기

4 ㉠, ㉤

풀이 가장 긴 변의 길이가 나머지 두 변의 길이의 합보다 작아야 합동인 삼각형을 그 릴 수 있습니다.
㉠ 3+2=5   ㉡ 4+5=9>6
㉢ 3+6=9>7   ㉣ 8+8=16>8
㉤ 4+4=8<9   ㉥ 5+9=14>11
따라서 삼각형을 그릴 수 없는 것은 ㉠, ㉤ 입니다.

5 12, 13, 14, 15, 16, 17

풀이 가장 긴 변은 □cm이므로 □>11, 7+11>□입니다. 따라서 11<□<18 이므로 □ 안에 들어갈 수 있는 자연수는 12, 13, 14, 15, 16, 17입니다.

6 6가지

풀이 삼각형을 그릴 수 있으려면 양 끝 각 의 크기의 합은 180°보다 작아야 합니다. 따라서 (130°, 45°), (45°, 90°), (45°, 100°), (45°, 60°), (90°, 60°), (100°, 60°)일 때이므로 모두 6가지의 삼 각형을 그릴 수 있습니다.

88a~88b   창의력 학습

a 1152cm²

풀이

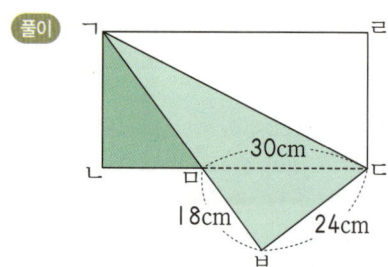

삼각형 ㄱㄴㅁ과 삼각형 ㄷㅂㅁ은 합동입 니다.
(변 ㄴㅁ)=(변 ㅂㅁ)=18cm이므로
(변 ㄴㄷ)=(변 ㄴㅁ)+(변 ㅁㄷ)
＝18+30
＝48(cm)
삼각형 ㄱㅂㄷ과 삼각형 ㄱㄹㄷ은 합동이므 로 (변 ㅂㄷ)=(변 ㄹㄷ)=24cm입니다.
따라서 직사각형 ㄱㄴㄷㄹ의 가로는 48cm, 세로는 24cm이므로
(도화지의 넓이)=48×24
＝1152(cm²)

b (예)

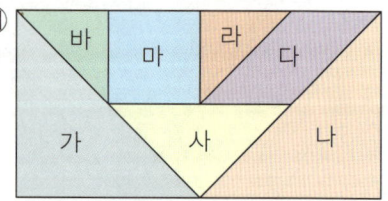

89a~90b 경시대회 예상문제

1 5개

> **풀이** 삼각형 ㄱㄴㅂ과 합동인 삼각형은
> 삼각형 ㄷㄴㅂ, 삼각형 ㄴㄱㅁ,
> 삼각형 ㄷㄱㅁ, 삼각형 ㄴㄷㄹ,
> 삼각형 ㄱㄷㄹ로 5개입니다.

2 삼각형 ㄱㄴㄷ과 삼각형 ㄹㄷㅁ은 합동이
므로 (변 ㄱㄴ)=(변 ㄹㄷ)=14cm,
(변 ㄱㄷ)=42−14−12=16(cm)
(변 ㄴㄷ)=(변 ㄷㅁ)=12cm이므로
(변 ㄱㅁ)=16−12=4(cm)
(도형 전체의 둘레)
=14+12+14+16+4
=60(cm)
[답] 60cm

평가 기준

상	대응변을 찾고 답을 바르게 구한 경우
중	대응변은 찾았으나 답을 구하지 못한 경우
하	풀이 과정과 답을 구하지 못한 경우

3 75°

> **풀이** 삼각형의 세 각의 크기의 합은 180°
> 이므로 삼각형 ㄱㄴㄷ에서
> (각 ㄴㄱㄷ)+(각 ㄱㄷㄴ)=180°−75°
> =105°
> 삼각형 ㄱㄴㄷ과 삼각형 ㄷㄹㅁ은 합동이
> 므로 (각 ㄴㄱㄷ)=(각 ㄹㄷㅁ)입니다.
> (각 ㄴㄱㄷ)+(각 ㄱㄷㄴ)
> =(각 ㄹㄷㅁ)+(각 ㄱㄷㄴ)=105°
> (각 ㄱㄷㅁ)=180°−105°=75°

4 12cm

> **풀이** 직사각형 ㄱㄴㄷㄹ과 직사각형 ㅂㅅ
> ㅇㅁ은 합동이므로
> (변 ㄴㄷ)=(변 ㅅㅇ)=18cm
> (변 ㄱㄴ)=216÷18=12(cm)

5 36cm

> **풀이** 정사각형 ㄱㄴㄷㄹ
> 의 세로를 3등분하였으
> 므로 가로를 3등분하면
> 오른쪽과 같습니다.
> 직사각형 ㄱㅁㅂㄹ의 둘
> 레가 24cm이므로

(변 ㄱㅁ)=24÷8 =3(cm)입니다.
정사각형 ㄱㄴㄷㄹ의 둘레는 변 ㄱㅁ의 12
배이므로 정사각형 ㄱㄴㄷㄹ의 둘레는
3×12=36(cm)입니다.

6 ㉡, ㉣

7 가장 긴 변의 길이가 나머지 두 변의 길이
의 합보다 작아야 합동인 삼각형을 그릴
수 있습니다.
세 변이 2cm, 7cm, 8cm인 경우:
2+7=9>8
세 변이 5cm, 7cm, 8cm인 경우:
5+7=12>8
세 변이 5cm, 7cm, 10cm인 경우:
5+7=12>10
세 변이 5cm, 8cm, 10cm인 경우:
5+8=13>10
세 변이 7cm, 8cm, 10cm인 경우:
7+8=15>10
따라서 그릴 수 있는 삼각형은 모두 5가지
입니다.
[답] 5가지

평가 기준

상	삼각형을 그릴 수 있는 세 변을 찾고 답을 바르게 구한 경우
중	삼각형을 그릴 수 있는 세 변은 찾았으나 답을 구하지 못한 경우
하	풀이 과정과 답을 구하지 못한 경우

8

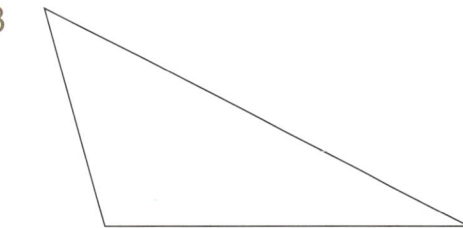

9 예 ㉢, ㉡, ㉣, ㉠

10

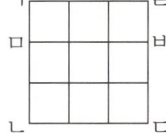

91a~91b

1 (1) 면 (2) 모서리 (3) 꼭짓점

2 ㉢

3 모서리 ㄱㄴ, 모서리 ㄴㄷ, 모서리 ㄷㄹ,
   모서리 ㄱㄹ, 모서리 ㅁㅂ, 모서리 ㅂㅅ,
   모서리 ㅅㅇ, 모서리 ㅁㅇ, 모서리 ㄱㅁ,
   모서리 ㄴㅂ, 모서리 ㄷㅅ, 모서리 ㄹㅇ

4 (1)   (2)
   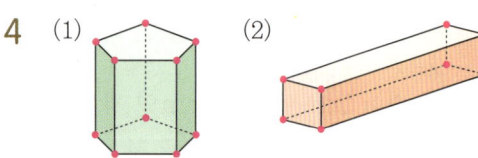

5 (1) 5개 (2) 9개 (3) 6개

92a~92b

1 ( ) ( ) (○)

2 ㉠, ㉤   3 ㉠, ㉢

4 ㉡

93a~93b

1 (위에서부터) 6, 6 / 12, 12 / 8, 8
                / 직사각형, 정사각형

2 (1) × (2) × (3) ○
   풀이 (1) 직육면체에서 길이가 같은 모서
   리는 4개씩 3쌍 있습니다.
   (2) 정육면체는 면의 크기와 모양이 모두
   같습니다.

3 예 직사각형은 정사각형이라고 할 수 없기
   때문입니다.

4 정육면체

5 모서리 ㄹㄷ, 모서리 ㅁㅂ, 모서리 ㅇㅅ

6 11개

94a~94b

1
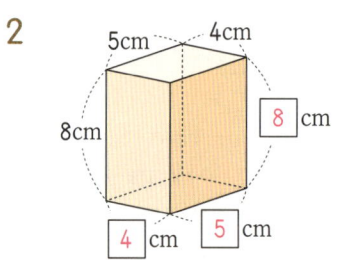

2
5cm   4cm
8cm   8 cm
     4 cm   5 cm

3 38cm
   풀이 색칠한 면은 가로 12cm, 세로 7cm
   인 직사각형 모양입니다.
   (색칠한 면의 둘레)＝(직사각형의 둘레)
                    ＝(12＋7)×2
                    ＝38(cm)

4 (1) 6, 6 (2) 36cm^2

5 84cm   6 120cm

7 16
   풀이 5×4＋9×4＋□×4＝120,
   20＋36＋□×4＝120, □×4＝64,
   □＝16

8 12cm
   풀이 정육면체의 모서리는 모두 12개입
   니다.
   (정육면체의 한 모서리의 길이)
   ＝144÷12＝12(cm)

95a~95b

1 (1)   (2) 3쌍

2

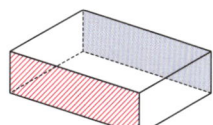

3

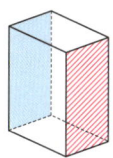

4 90°

5 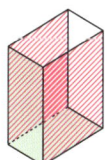 **6**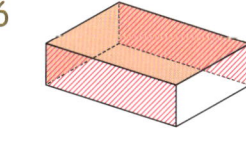

7 (1) × (2) ○

> 풀이 (1) 서로 평행한 두 면을 밑면이라고 합니다.

96a~96b

1 면 ㄴㅂㅅㄷ

2 면 ㅁㅂㅅㅇ, 면 ㄱㅁㅇㄹ

3 ㉡

4 (1) 면 ㄴㅂㅅㄷ, 면 ㄷㅅㅇㄹ, 면 ㄱㄴㄷㄹ
　　(2) 면 ㄴㅂㅅㄷ, 면 ㄷㅅㅇㄹ, 면 ㄱㅁㅇㄹ,
　　　 면 ㄴㅂㅁㄱ
　　　/ 면 ㄱㄴㄷㄹ, 면 ㄷㅅㅇㄹ,
　　　　면 ㄴㅂㅁㄱ, 면 ㅁㅂㅅㅇ
　　　/ 면 ㄱㄴㄷㄹ, 면 ㄴㅂㅅㄷ,
　　　　면 ㅁㅂㅅㅇ, 면 ㄱㅁㅇㄹ

5 면 ㄱㄹㅇㅁ과 면 ㄴㄷㅅㅂ
　　 또는 면 ㄱㄴㄷㄹ과 면 ㅁㅂㅅㅇ

> 풀이 면 ㄱㄴㄷㄹ, 면 ㄹㄷㅅㅇ, 면 ㅁㅂㅅㅇ, 면 ㄱㄴㅂㅁ이 옆면이면 밑면은 면 ㄱㄹㅇㅁ과 면 ㄴㄷㅅㅂ이고 면 ㄱㄹㅇㅁ, 면 ㄹㄷㅅㅇ, 면 ㄴㄷㅅㅂ, 면 ㄱㄴㅂㅁ이 옆면이면 밑면은 면 ㄱㄴㄷㄹ 과 면 ㅁㅂㅅㅇ입니다.

97a~97b

1 32cm　　　**2** 22cm

3 9cm

> 풀이 색칠한 면과 평행한 면은 면 ㄱㅁㅇㄹ 이고, 면 ㄱㅁㅇㄹ의 넓이는 63cm²입니다.
> (모서리 ㅁㅇ)=(모서리 ㅂㅅ)=7cm
> (모서리 ㄱㅁ의 길이)=63÷7=9(cm)

4 48cm

> 풀이 면 ㄱㅁㅂㄴ과 수직인 모서리는 모서리 ㄱㄹ, 모서리 ㄴㄷ, 모서리 ㅁㅇ, 모서리 ㅂㅅ입니다.
> ➡ 12+12+12+12=48(cm)

5 76cm²

> 풀이 (옆면의 넓이)=(13+6+13+6)×2
> 　　　　　=76(cm)

6 7cm

> 풀이 색칠한 면과 평행한 면은 정사각형 입니다. 7×7=49이므로 정육면체의 한 모서리는 7cm입니다.

7 20cm

> 풀이 정육면체의 모든 모서리의 길이는 같고 한 밑면에 수직인 모서리는 4개이므 로 모서리의 길이의 합은 5×4=20(cm) 입니다.

98a~98b

1 평행　　　**2** 점선

3 실선　　　**4** 3

5 9

6 (1) 점 ㅁ
　　(2) 면 ㄱㄴㄷㄹ, 면 ㄴㅂㅅㄷ, 면 ㄷㅅㅇㄹ
　　(3) 모서리 ㄱㅁ, 모서리 ㅁㅂ, 모서리 ㅁㅇ

7 ㉢

8

㉠ 보이지 않는 부분은 점선으로 그려야 하는데 실선으로 그린 부분이 있으므로 잘못 그린 것입니다.

99a~99b

1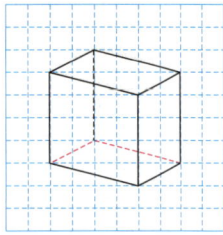

2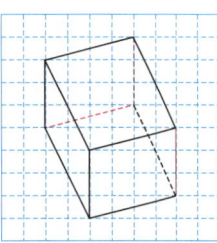

3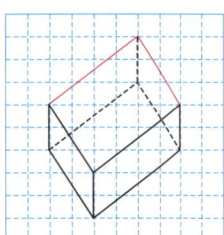

4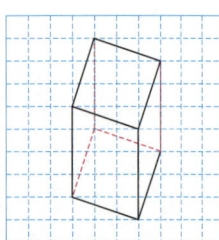

5 ㉠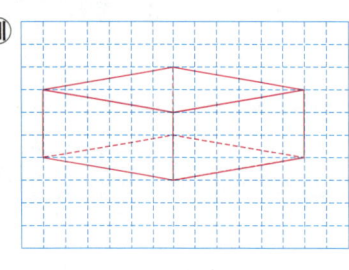

6 (1) 183cm² (2) 72cm

풀이 (1) (보이지 않는 면의 넓이의 합)
= 11×5＋11×8＋5×8
= 55＋88＋40＝183(cm²)
(2) (보이는 모서리의 길이의 합)
= 11×3＋5×3＋8×3
= 33＋15＋24＝72(cm)

7 118cm²

풀이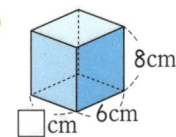
8cm
□cm 6cm

(직육면체의 모든 모서리의 길이의 합)
= (□＋6＋8)×4＝76
□＋14＝19, □＝5(cm)
(보이는 면의 넓이)＝5×6＋6×8＋5×8
= 30＋48＋40
= 118(cm²)

8 108cm

풀이 정육면체에서 보이지 않는 모서리는 3개입니다. 따라서 한 모서리의 길이는 27÷3＝9(cm)이므로 모든 모서리의 길이의 합은 9×12＝108(cm)입니다.

100a~100b

1 ○   2 ○
3 ×

풀이 접었을 때 서로 만나는 면의 모서리의 길이가 다릅니다.

4 ○

5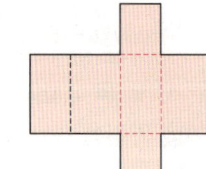

6

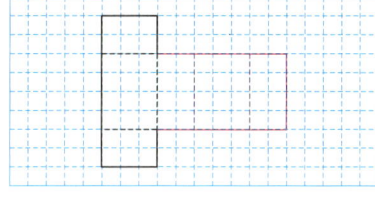

7

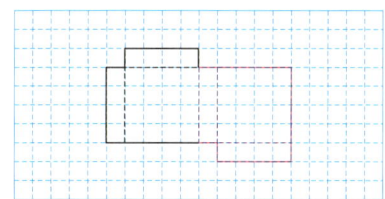

1

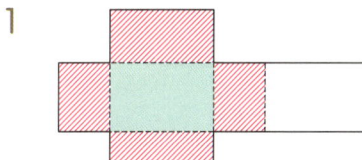

2

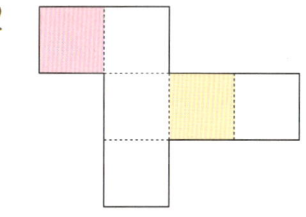

3 (1) 면 라 (2) 면 가, 면 나, 면 라, 면 마

4

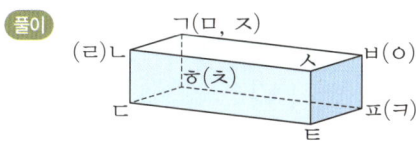

5 (1) 선분 ㅁㄹ (2) 선분 ㅈㅇ (3) 점 ㅎ

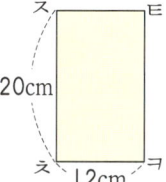

1

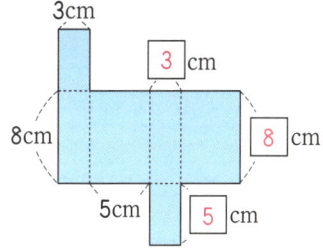

2 74cm

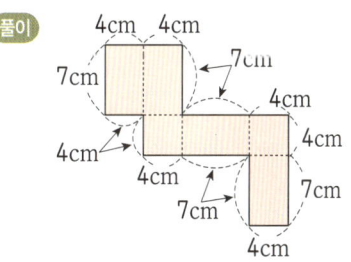

(전개도의 둘레)=7×6+4×8
=42+32=74(cm)

3 198cm²

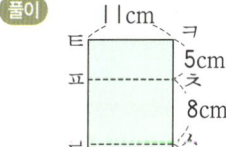

(직사각형 ㅌㅁㅂㅋ의 넓이)
=11×(5+8+5)=11×18=198(cm²)

4 (1) 7개
(2) 선분 ㄱㄴ, 선분 ㅎㅁ, 선분 ㅍㅂ,
선분 ㅌㅅ, 선분 ㅈㅇ
(3) 240cm²

풀이 (1) 맞닿는 선분과 평행한 선분의 길
이는 각각 같습니다.
(선분 ㄱㅎ)=(선분 ㄴㅁ)=(선분 ㄷㄹ)
=(선분 ㅍㅌ)=(선분 ㅂㅅ)=(선분 ㅋㅌ)
=(선분 ㅊㅈ) ➡ 7개
(3) 면 ㄴㄷㄹㅁ과 평행
한 면은 면 ㅈㅊㅋㅌ
입니다.
(면 ㅈㅊㅋㅌ의 넓이)
=12×20
=240(cm²)

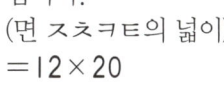

5 예

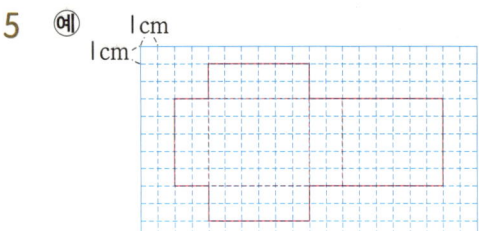

103a~103b 창의력 학습

a 예

b 예

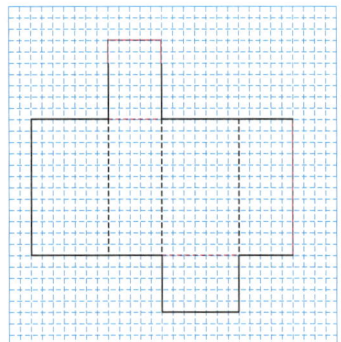

104a~105b 경시대회 예상문제

1 135cm²

풀이 직육면체의 겨냥도는 다음과 같습니다.

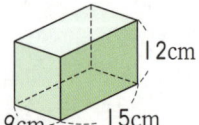

(한 밑면의 넓이)
$= 9 \times 15$
$= 135 (cm^2)$

2 176cm

풀이 직육면체의 겨냥도는 오른쪽과 같습니다.
(모든 모서리의 길이의 합)
$= (10 + 12 + 22) \times 4$
$= 176 (cm)$

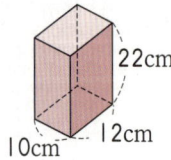

3

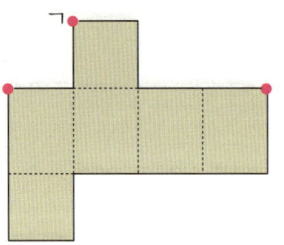

4 (1)~(3)

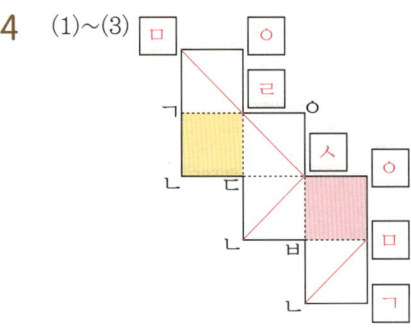

5

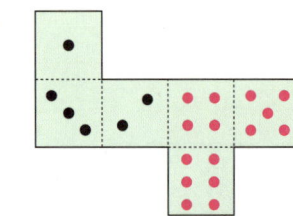

6

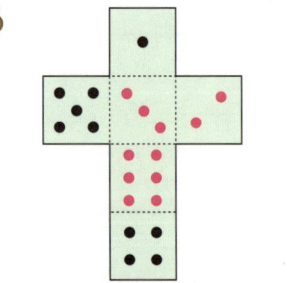

7

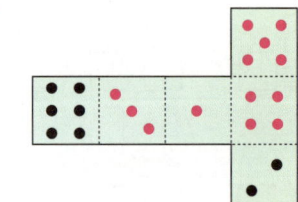

8

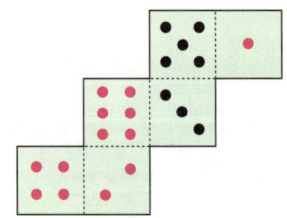

9 검정   **10** ㉠

11 리본이 35cm인 모서리를 2번, 17cm인 모서리를 4번, 6cm인 모서리를 6번 지났습니다.

(상자를 두른 리본의 길이)
$= 35 \times 2 + 17 \times 4 + 6 \times 6$
$= 70 + 68 + 36 = 174 \text{(cm)}$

[답] 174cm

평가 기준	
상	리본이 지난 모서리를 각각 구하고 답을 바르게 구한 경우
중	리본이 지난 모서리는 구했으나 답을 구하지 못한 경우
하	풀이 과정과 답을 구하지 못한 경우

106a~109b

1 $10, 15, 7\frac{1}{2}$

2 $17, 17, 51, 10\frac{1}{5}$

3 $17\frac{1}{2}$ **4** $11\frac{1}{3}$

5 $34\frac{2}{5}$ **6** $\frac{1}{20}$

7 (위에서부터) $12\frac{1}{4}$ / $5\frac{5}{7}$ / $4\frac{3}{8}$, 16

풀이 $\dfrac{7}{8} \times \overset{7}{\underset{4}{14}} = \dfrac{49}{4} = 12\dfrac{1}{4}$

$5 \times 1\dfrac{1}{7} = 5 \times \dfrac{8}{7} = \dfrac{40}{7} = 5\dfrac{5}{7}$

$\dfrac{7}{8} \times 5 = \dfrac{35}{8} = 4\dfrac{3}{8}$

$14 \times 1\dfrac{1}{7} = \overset{2}{14} \times \dfrac{8}{\underset{1}{7}} = 16$

8 ㉡

풀이 ㉠, ㉢, ㉣ $\dfrac{1}{36}$ ㉡ $\dfrac{1}{30}$

9 11

풀이 $\dfrac{1}{3} \times \dfrac{1}{4} < \dfrac{1}{\square} < \dfrac{1}{2} \times \dfrac{1}{5}$,

$\dfrac{1}{12} < \dfrac{1}{\square} < \dfrac{1}{10}$ 이므로 □ 안에 들어갈 수 있는 자연수는 11입니다.

10 $\dfrac{12}{35}$

11 $\dfrac{5}{6} \times \dfrac{8}{9} = \dfrac{5 \times \overset{4}{8}}{\underset{3}{6} \times 9} = \dfrac{20}{27}$

12 $14, 25, 35, 8\dfrac{3}{4}$

13

풀이 $\dfrac{\overset{1}{5}}{\underset{2}{8}} \times \dfrac{\overset{1}{4}}{\underset{3}{15}} = \dfrac{1}{6}$, $\dfrac{\overset{1}{7}}{\underset{3}{12}} \times \dfrac{\overset{5}{20}}{\underset{3}{21}} = \dfrac{5}{9}$

14 >

풀이 $2\dfrac{1}{4} \times 2\dfrac{2}{3} = \dfrac{\overset{3}{9}}{4} \times \dfrac{\overset{2}{8}}{\underset{1}{3}} = 6$

$1\dfrac{3}{7} \times 3\dfrac{1}{2} = \dfrac{\overset{5}{10}}{\underset{1}{7}} \times \dfrac{7}{\underset{1}{2}} = 5$

➡ $6 > 5$

15 ㉢, ㉣, ㉡, ㉠

풀이 ㉠ $15 \times \dfrac{4}{9} = \dfrac{20}{3} = 6\dfrac{2}{3}$

㉡ $1\dfrac{3}{5} \times 3\dfrac{3}{4} = \dfrac{\overset{2}{8}}{5} \times \dfrac{\overset{3}{15}}{\underset{1}{4}} = 6$

㉢ $\dfrac{7}{12} \times \dfrac{6}{7} = \dfrac{1}{2}$

㉣ $1\dfrac{4}{11} \times 3\dfrac{3}{10} = \dfrac{\overset{3}{15}}{\underset{1}{11}} \times \dfrac{\overset{3}{33}}{\underset{2}{10}} = \dfrac{9}{2} = 4\dfrac{1}{2}$

➡ ㉢ < ㉣ < ㉡ < ㉠

16 진우

풀이 민수: $5\dfrac{1}{4} \times \dfrac{6}{7} \times 2\dfrac{5}{8}$

$\qquad = \dfrac{21}{4} \times \dfrac{6}{7} \times \dfrac{21}{8}$

$\qquad = \dfrac{\overset{3}{21} \times \overset{3}{6} \times 21}{\underset{2}{4} \times 7 \times \underset{1}{8}}$

$\qquad = \dfrac{189}{16} = 11\dfrac{13}{16}$

17 2

18 21

풀이 ㉮ $21 \times \dfrac{6}{7} \times 2\dfrac{1}{3} = 21 \times \dfrac{6}{7} \times \dfrac{\overset{1}{7}}{\underset{1}{3}}$

$\qquad\qquad = 42$

㉯ $3\dfrac{3}{4} \times 7 \times 2\dfrac{2}{5} = \dfrac{\overset{3}{15}}{4} \times 7 \times \dfrac{\overset{3}{12}}{5}$

$\qquad\qquad = 63$

➡ ㉯－㉮＝$63 - 42 = 21$

19 18L 　　**20** $18\dfrac{1}{2}$cm

21 96L

풀이 $\dfrac{3}{4}$ 시간은 45분이므로 받을 수 있는

물은 $45 \times 2\dfrac{2}{15} = 96$(L)입니다.

22 $64\dfrac{2}{7}$cm²

풀이 (직사각형의 가로)

＝(직사각형의 세로)$\times 1\dfrac{5}{9}$

$= 6\dfrac{3}{7} \times 1\dfrac{5}{9} = \dfrac{\overset{5}{45}}{7} \times \dfrac{\overset{2}{14}}{9} = 10$(cm)

(직사각형의 넓이)$= 10 \times 6\dfrac{3}{7} = 10 \times \dfrac{45}{7}$

$\qquad\qquad = \dfrac{450}{7} = 64\dfrac{2}{7}$(cm²)

23 $\dfrac{7}{12}$

풀이 어떤 분수를 □라고 하면

$\square + \dfrac{7}{10} = 1\dfrac{8}{15}$

$\square = 1\dfrac{8}{15} - \dfrac{7}{10} = 1\dfrac{16}{30} - \dfrac{21}{30}$

$\quad = \dfrac{46}{30} - \dfrac{21}{30} = \dfrac{25}{30} = \dfrac{5}{6}$

어떤 분수는 $\dfrac{5}{6}$ 이므로 바르게 계산하면

$\dfrac{5}{6} \times \dfrac{\overset{1}{7}}{\underset{2}{10}} = \dfrac{7}{12}$

24 8km

풀이 경수가 버스를 타고 간 거리는 전체의

$1 - \dfrac{1}{6} = \dfrac{5}{6}$ 입니다.

➡ $9\dfrac{3}{5} \times \dfrac{5}{6} = \dfrac{\overset{8}{48}}{5} \times \dfrac{\overset{1}{5}}{\underset{1}{6}} = 8$(km)

다른 풀이

(걸어서 간 거리)$= 9\dfrac{3}{5} \times \dfrac{1}{6} = \dfrac{\overset{8}{48}}{5} \times \dfrac{1}{6}$

$\qquad\qquad = \dfrac{8}{5} = 1\dfrac{3}{5}$

(버스를 타고 간 거리)$= 9\dfrac{3}{5} - 1\dfrac{3}{5} = 8$(km)

25 87쪽

풀이 (어제 읽은 동화책 쪽수)

$= \overset{30}{210} \times \dfrac{2}{7} = 60$(쪽)

(오늘 읽은 동화책 쪽수)

$= \overset{21}{210} \times \dfrac{3}{10} = 63$(쪽)

(남은 동화책 쪽수)

$= 210 - 60 - 63 = 87$(쪽)

26 $47\dfrac{5}{6}$kg

풀이 (형의 몸무게)

＝(동생의 몸무게)$\times 1\dfrac{3}{4}$

＝(아버지의 몸무게)$\times \dfrac{1}{3} \times 1\dfrac{3}{4}$

$$=82 \times \frac{1}{3} \times 1\frac{3}{4} = 82 \times \frac{1}{3} \times \frac{7}{4}$$

$$=\frac{287}{6}=47\frac{5}{6}\text{(kg)}$$

27 10명

풀이 남동생이 있는 학생은 동생이 있는 학생 중의 $1-\frac{3}{8}=\frac{5}{8}$ 입니다.

(남동생이 있는 학생 수)

$$=40 \times \frac{2}{5} \times \frac{5}{8}=10(명)$$

110a~113b

1 ㉢

2 ( )( )(○)

3 가와 바, 다와 아

4
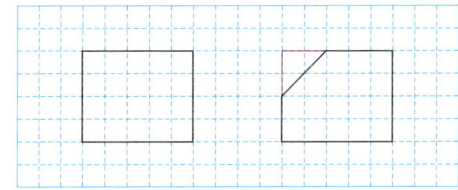

5 (1) 점 ㅂ (2) 변 ㄷㄱ (3) 각 ㅂㄹㅁ

6 (1) 변 ㄹㄱ (2) 각 ㅂㅁㅇ

7
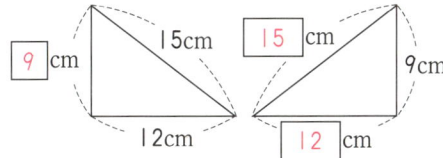

8 (1) 10cm (2) 7cm (3) 75°

풀이 (3) (각 ㅁㅇㅅ)=(각 ㄹㄱㄴ)=130°
(각 ㅇㅅㅂ)=(각 ㄱㄴㄷ)=85°
(각 ㅁㅂㅅ)=360°−70°−130°−85°
　　　　　　=75°

9 44cm

풀이 평행사변형은 마주 보는 변의 길이가 같습니다.
(변 ㄱㄴ)+(변 ㄴㄷ)=70÷2=35(cm)

(변 ㄱㄴ)=(변 ㄹㄷ)=20cm
(변 ㄴㄷ)=35−20=15(cm)
(삼각형 ㄱㄴㄷ의 둘레)=20+15+9
　　　　　　　　　　=44(cm)

10 14cm

11 60cm

풀이
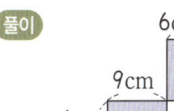
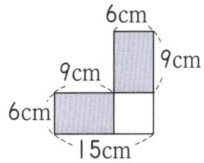

(색칠한 부분의 둘레)
=(6+9+6+9)×2=60(cm)

12 ㉠, ㉢

풀이 ㉡ 다음 두 직사각형의 둘레는 같지만 합동은 아닙니다.

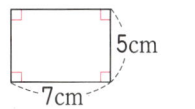
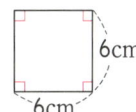

㉣ 다음 두 이등변삼각형의 둘레는 같지만 합동은 아닙니다.

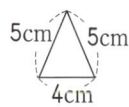
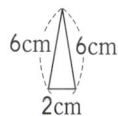

㉤ 다음 두 삼각형의 세 각의 크기는 같지만 합동이 아닙니다.

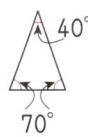
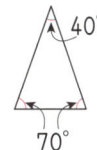

13 ㉢, ㉣

14 변 ㄱㄴ의 길이

15

16
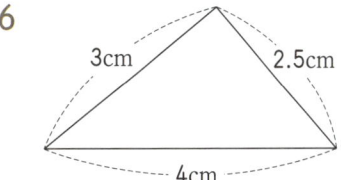

17 (예)

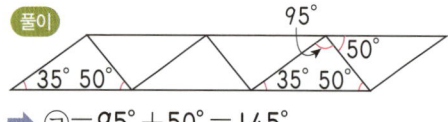

18 9

(풀이) □<23이므로 가장 긴 변은 23cm
입니다. 가장 긴 변의 길이는 다른 두 변의
길이의 합보다 작아야 하므로
23<15+□입니다.
따라서 □ 안에는 8보다 큰 자연수가 들어
가야 하므로 가장 작은 자연수는 9입니다.

19 145°

(풀이)

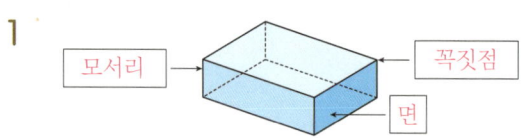

➡ ㉠=95°+50°=145°

20 10가지

(풀이) 가장 긴 변의 길이가 나머지 두 변의
길이의 합보다 작아야 합동인 삼각형을 그
릴 수 있습니다.
세 변이 2cm, 5cm, 6cm인 경우:
2+5=7>6
세 변이 2cm, 6cm, 7cm인 경우:
2+6=8>7
세 변이 3cm, 5cm, 6cm인 경우:
3+5=8>6
세 변이 3cm, 5cm, 7cm인 경우:
3+5=8>7
세 변이 3cm, 6cm, 7cm인 경우:
3+6=9>7
세 변이 3cm, 7cm, 9cm인 경우:
3+7=10>9
세 변이 5cm, 6cm, 7cm인 경우:
5+6=11>7
세 변이 5cm, 6cm, 9cm인 경우:
5+6=11>9
세 변이 5cm, 7cm, 9cm인 경우:

5+7=12>9
세 변이 6cm, 7cm, 9cm인 경우:
6+7=13>9
따라서 그릴 수 있는 삼각형은 10가지입
니다.

114a~117b

1

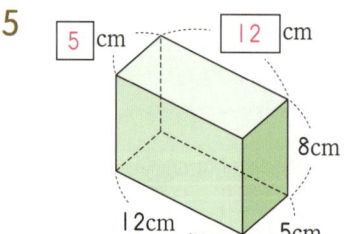

2 ㉢

3 (1) × (2) ○ (3) ×

(풀이) (1) 도형의 면과 면이 만나는 선분은
모서리입니다.
(3) 직사각형 모양의 면 6개로 둘러싸인 도
형을 직육면체라고 합니다.

4 ㉠

5

| 5 cm | 12 cm |
| 8cm |
| 12cm | 5cm |

6 9cm   **7** 176cm

8 294cm²

(풀이) 정육면체의 모든 모서리의 길이는
같으므로 한 밑면의 둘레가 28cm인 정육
면체의 한 모서리의 길이는
28÷4=7(cm)입니다.
(모든 면의 넓이의 합)=(7×7)×6
=294(cm²)

9 (1) 면 ㄱㅁㅂㄴ (2) 4개

(풀이) (2) 면 ㄴㅂㅅㄷ과 수직인 면은
면 ㄱㄴㄷㄹ, 면 ㄱㅁㅂㄴ, 면 ㅁㅂㅅㅇ,
면 ㄹㅇㅅㄷ으로 4개입니다.

10 면 ㄱㄴㄷㄹ, 면 ㄱㅁㅂㄴ, 면 ㅁㅂㅅㅇ,
면 ㄹㅇㅅㄷ

11 30cm

12
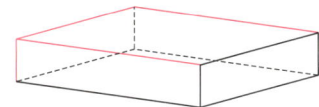

13 ㉡

> **풀이** ㉡ 보이는 모서리는 **9**개입니다.

14 36cm   **15** ㉣

16
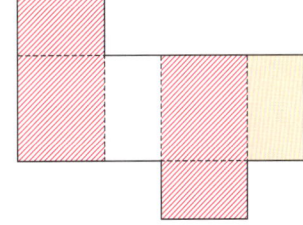

17 (1) 선분 ㅅㅂ (2) 점 ㄷ, 점 ㅈ
(3) 면 ㅌㅁㅇㅋ

18 (1) 100cm (2) 224cm²

19
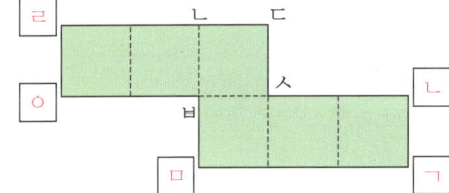

20 108cm

21
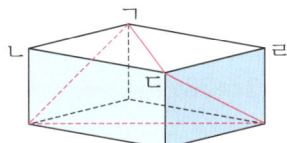

a $\dfrac{3}{8}$m

> **풀이** (5번째로 튀어 올랐을 때 공의 높이)
> $= 12 \times \dfrac{1}{2} \times \dfrac{1}{2} \times \dfrac{1}{2} \times \dfrac{1}{2} \times \dfrac{1}{2} = \dfrac{3}{8}$(m)

b **예**

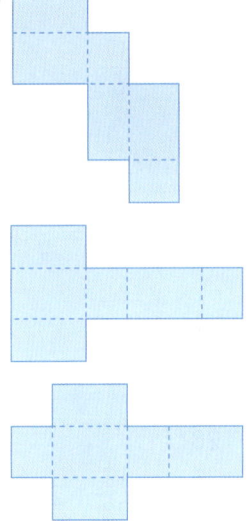

1 $7\dfrac{4}{5}$m

> **풀이** (리본의 전체 길이)
> $= 8 \times 1\dfrac{4}{5} = 8 \times \dfrac{9}{5}$
> $= \dfrac{72}{5} = 14\dfrac{2}{5}$(m)
>
> (남은 리본의 길이) $= 14\dfrac{2}{5} \times \left(1 - \dfrac{11}{24}\right)$
> $= \dfrac{72}{5} \times \dfrac{13}{24}$
> $= \dfrac{39}{5} = 7\dfrac{4}{5}$(m)

2 연호, $\dfrac{5}{9}$km

> **풀이** 2시간 40분은 $2\dfrac{2}{3}$ 시간입니다.
>
> (연호가 자전거를 탄 거리)
> $= 2\dfrac{2}{3} \times 6\dfrac{3}{8} = \dfrac{8}{3} \times \dfrac{51}{8} = 17$(km)

※해답은 따로 보관하고 있다가 채점할 때 사용해 주세요.

(지수가 자전거를 탄 거리)

$$= 2\frac{2}{3} \times 6\frac{1}{6} = \frac{\overset{4}{8}}{3} \times \frac{37}{\underset{3}{6}}$$

$$= \frac{148}{9} = 16\frac{4}{9}(\text{km})$$

따라서 연호가 $17 - 16\frac{4}{9} = \frac{5}{9}(\text{km})$ 더 타겠습니다.

3 어떤 분수를 $\square$라고 하면

$$\square - 2\frac{4}{7} = 2\frac{19}{28},$$

$$\square = 2\frac{19}{28} + 2\frac{4}{7} = 2\frac{19}{28} + 2\frac{16}{28}$$

$$= 5\frac{7}{28} = 5\frac{1}{4}$$

어떤 분수는 $5\frac{1}{4}$이므로 바르게 계산하면

$$5\frac{1}{4} \times 2\frac{4}{7} = \frac{\overset{3}{21}}{\underset{2}{4}} \times \frac{\overset{9}{18}}{\underset{1}{7}} = \frac{27}{2} = 13\frac{1}{2}$$

[답] $13\frac{1}{2}$

평가 기준	
상	어떤 수를 구하고 답을 바르게 구한 경우
중	어떤 수는 구했으나 답을 구하지 못한 경우
하	풀이 과정과 답을 구하지 못한 경우

4 88kg

풀이 (아버지의 몸무게)

$$= (\text{동생의 몸무게}) \times 2\frac{5}{14}$$

$$= (\text{수정이의 몸무게}) \times \frac{7}{9} \times 2\frac{5}{14}$$

$$= 48 \times \frac{7}{9} \times 2\frac{5}{14} = \overset{8}{\underset{16}{48}} \times \frac{\overset{1}{7}}{\underset{3}{9}} \times \frac{\overset{11}{33}}{\underset{7}{14}} = 88(\text{kg})$$

5 3가지

6 66cm

풀이 (선분 ㄷㅁ)=(선분 ㄱㄴ)=9cm
이므로 (선분 ㅁㅂ)=108÷9=12(cm)

(선분 ㅅㄹ)=(선분 ㅅㄷ)−(선분 ㄹㄷ)
$\qquad\quad = 12 - 9 = 3(\text{cm})$
(도형의 둘레)=9×3+12×3+3
$\qquad\qquad\qquad = 27 + 36 + 3 = 66(\text{cm})$

7 45°

풀이 (선분 ㄴㄷ)=(선분 ㄷㄹ)이므로 삼각형 ㄷㄴㄹ은 이등변삼각형입니다.
➡ (각 ㄷㄴㄹ)=(180°−90°)÷2=45°

8 6가지

풀이 양 끝 각의 크기가 (10°, 25°), (10°, 70°), (10°, 110°), (10°, 155°), (25°, 70°), (25°, 110°)일 때 삼각형을 그릴 수 있습니다. ➡ **6가지**

9 보이지 않는 모서리는 $\square$cm, 6cm, 12cm 입니다.
(보이지 않는 모서리의 길이의 합)
$=\square + 6 + 12 = 27$
$\square = 9(\text{cm})$
[답] 9

평가 기준	
상	보이지 않는 모서리의 길이를 알고 답을 바르게 구한 경우
중	보이지 않는 모서리의 길이는 알았으나 답을 구하지 못한 경우
하	풀이 과정과 답을 구하지 못한 경우

10 28cm

풀이 직육면체의 한 밑면은 오른쪽과 같습니다.
(밑면의 둘레)
$=(8+6) \times 2 = 28(\text{cm})$

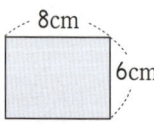

11

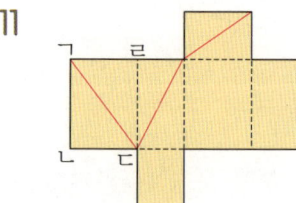

12

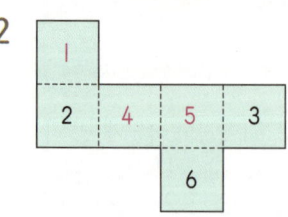

12 성취도 테스트

1 $\dfrac{2}{3}$, $\dfrac{3}{4}$

2 ㉢

풀이 ㉠, ㉡, ㉣ $\dfrac{1}{40}$ ㉢ $\dfrac{1}{45}$

3 $\dfrac{1}{12}$

풀이 (진수가 오늘 먹은 사탕의 양)
$=\left(1-\dfrac{2}{3}\right)\times\dfrac{1}{4}=\dfrac{1}{3}\times\dfrac{1}{4}=\dfrac{1}{12}$

4 $20\dfrac{1}{4}$ cm

풀이 (10분 동안 탄 양초의 길이)
$=\dfrac{3}{8}\times\overset{5}{\underset{4}{10}}=\dfrac{15}{4}=3\dfrac{3}{4}$ (cm)

(타고 남은 양초의 길이) $=24-3\dfrac{3}{4}$
$=20\dfrac{1}{4}$ (cm)

5 $1\dfrac{2}{3}$ cm^2

풀이 (가의 넓이) $=3\dfrac{3}{4}\times8\dfrac{2}{9}$
$=\dfrac{\overset{5}{15}}{\underset{2}{4}}\times\dfrac{\overset{37}{74}}{\underset{3}{9}}$
$=\dfrac{185}{6}=30\dfrac{5}{6}$ (cm^2)

(나의 넓이) $=7\dfrac{4}{5}\times4\dfrac{1}{6}=\dfrac{\overset{13}{39}}{\underset{1}{5}}\times\dfrac{\overset{5}{25}}{\underset{2}{6}}$
$=\dfrac{65}{2}=32\dfrac{1}{2}$ (cm^2)

➡ (나－가) $=32\dfrac{1}{2}-30\dfrac{5}{6}$
$=32\dfrac{3}{6}-30\dfrac{5}{6}$
$=1\dfrac{4}{6}=1\dfrac{2}{3}$ (cm^2)

6 <

풀이 $21\times\dfrac{4}{7}\times1\dfrac{3}{10}=\overset{3}{21}\times\dfrac{\overset{2}{4}}{\underset{1}{7}}\times\dfrac{13}{\underset{5}{10}}$
$=\dfrac{78}{5}=15\dfrac{3}{5}$

$2\dfrac{4}{9}\times12\times1\dfrac{1}{11}=\dfrac{\overset{2}{22}}{\underset{3}{9}}\times\overset{4}{12}\times\dfrac{\overset{4}{12}}{\underset{1}{11}}=32$

➡ $15\dfrac{3}{5}<32$

7 $16\dfrac{2}{3}$ m

풀이 (창주가 가진 리본의 길이)
$=$(민수가 가진 리본의 길이)$\times1\dfrac{3}{7}$
$=$(철수가 가진 리본의 길이)$\times2\dfrac{1}{3}\times1\dfrac{3}{7}$
$=5\times2\dfrac{1}{3}\times1\dfrac{3}{7}=5\times\dfrac{7}{3}\times\dfrac{10}{\underset{1}{7}}$
$=\dfrac{50}{3}=16\dfrac{2}{3}$ (m)

8 다

9 (1) 점 ㄹ, 점 ㅂ, 점 ㅁ
(2) 변 ㄹㅂ, 변 ㅂㅁ, 변 ㅁㄹ
(3) 각 ㄹㅂㅁ, 각 ㅂㅁㄹ, 각 ㅁㄹㅂ

10

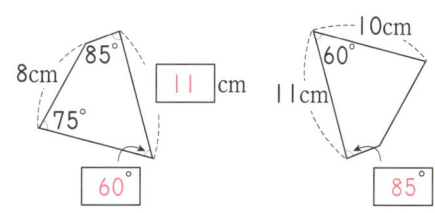

11 15cm

풀이 두 사각형은 합동이므로
(변 ㄱㄹ)＝(변 ㅇㅅ)＝14cm
(변 ㄷㄹ)＝45－6－10－14＝15(cm)
(변 ㅂㅅ)＝(변 ㄷㄹ)＝15cm

12 50°

풀이 삼각형 ㄱㄴㄹ과 삼각형 ㄷㄹㄴ은
합동이므로

(각 ㄱㄴㄹ)=(각 ㄷㄹㄴ)=30°
(각 ㄱㄹㄴ)=180°−130°−30°=20°
(각 ㄷㄴㄹ)=(각 ㄱㄹㄴ)=20°
(각 ㄱㄴㄷ)=(각 ㄱㄴㄹ)+(각 ㄷㄴㄹ)
 =30°+20°=50°

13 ㄱ, ㄹ, ㄷ, ㄴ

14 ㄷ, ㄹ

15 ( ) (○) ( ) ( ) (○)

16 (1) 7, 7 (2) 84cm

17 (1) 면 ㅁㅂㅅㅇ, 면 ㄱㅁㅇㄹ, 면 ㄴㅂㅁㄱ
　(2) 면 ㄱㄴㄷㄹ, 면 ㄷㅅㅇㄹ, 면 ㅁㅂㅅㅇ,
　　 면 ㄱㄴㅂㅁ

18 40cm

풀이 정육면체의 모든 모서리의 길이는
같고, 한 밑면에 수직인 모서리는 4개이므
로 길이의 합은 10×4=40(cm)입니다.

19

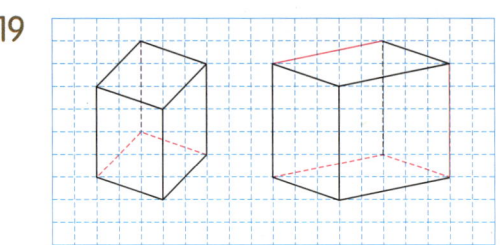

20

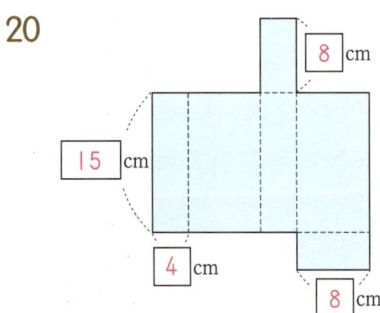